出版
出版動力(集團)有限公司

業務總監
Raymond Tang

行銷企劃
Lau Kee

市場經理
Nicole Lam

插畫設計
Athena Tang

編輯
Valen Cheung

助理編輯
Zinnia Yeung

作者
出版動力財經組

美術設計
CKY

出版地點
香港

如果只得幾萬銀定期一年
可能都唔夠去茶餐廳食個下午茶！

　　如果你只是一個普通的打工仔，又唔係高薪厚職，即使你已經有兩年工作經驗，也未必有太多現金積蓄。無富爸爸的話，想買樓？首期無得找人代付。儲得幾萬蚊放定期，就算個別外幣高息到極點，其實一年埋數可能都唔夠去茶餐廳食個下午茶。

　　為了同儲蓄增值，很多人都會選擇投資股票，甚至係月供股票，不過點玩先抵？投資股票又怎樣可以保住本金？這個「樓價發癲」的年代，單靠儲蓄買樓，可能大部份人會感慨此路不通。自古名言「書中自有黃金屋」，好好研讀投資理財書籍是股票投資入門很重要的一環。

　　初次接觸股票投資時，常常可看到許多由「成交量」和「股價」為根本組成的技術分析指標，例如：均線、K線、MACD、RSI指標等分析工具。本書教你研究那些數據資料，就能從過去的股價資訊來預測未來股價的走向。

　　本書深入淺出，拋開複雜的圖表數字及理論，甚至中學生也能看得明，所以無論你是甚麼類型的股票投資者，在投資前都一樣需要做好準備功課。想在投資決策前作出準備？本書肯定幫到你！

目錄

月入萬五 儲到100萬的秘密

運用72法則 短短時間把50萬變成100萬

贏多輸少的投資竅門

每日1分鐘 篩選潛力股

由$1,000開始投資！

小小本投資成功個案 月入萬二買私樓

這樣投資 火速達成儲錢買樓目標

月入萬五
儲到100萬的秘密

100萬你要儲幾耐？

樓價居高不下，有大學公佈一個「香港生活質素指數」，指港人物業負擔能力比率創12年來新低。若要圓置業夢，港人即使「唔食唔住」都需花14.19年時間儲錢，才能購入九龍區一個約400平方呎以下單位，較2002年時只需4.68年就可置業的情況天淵之別。不過，另一方面，香港的「百萬富翁」其實都唔少。有金融機構和大學做了一個調查顯示，不計物業只計流動資產，擁有百萬資金的香港人，去年高達73萬名，亦即全港每10個人當中，就有1個是「百萬富翁」。而且「百萬富翁」人數增長驚人，由2004年的27.4萬人，至2018年已增超過2倍。

人生儲到第一個100萬後 第二個100萬就會更快到手

百萬富翁的說法深入民心，100萬元已經一世無憂，食得好、住得好的年代確實曾經存在，十幾年前有電視問答遊戲節目《百萬富翁》，也令不少港人每晚有個「發達夢」，但時移世易，如今手持100萬元流動資產，是否配得上富翁稱呼呢？

外國有關富翁(millionaire)的調查，也多以百萬元作底線，但大多數是100萬美元(約780萬港元)。相比起來，100萬港元固然顯得有點「小兒科」。百萬富翁的調查，固然有其參考價值，但今時今日，只得百萬的富翁是否仍值得羨慕？或者調查機構也可考慮一下調整富翁的門檻，與時並進。

全港每10個人當中，就有1個是「百萬富翁」，為什麼你不是其中一個？滾雪球的道理人人皆知，要雪球愈滾愈大，第一步就是儲蓄，然後只要從開源、整理術與投資理財四大面向切入，不用複雜的圖表數字和投資理論，學會精明消費、輕鬆儲錢，找到最適合自己的理財方式，月薪萬幾蚊，幾年來儲到100萬絕對不是夢！不管擁有「百萬」是不是「富翁」，但如人生存到第一個一百萬之後；第二個一百萬就會很快到手，擁有第三個一百萬的時間，隨時可以再縮短一半以上。那管你只是十八、廿二的年輕人，要成功儲到一百萬，現在就跟著接下來的篇幅規劃你的路向！

一包煙換層樓你會點揀
教你用戒煙錢滾出400萬

我有一個非常「口賤」的吸煙朋友，看了以下一則新聞，說了一句話，然後被我老婆罵得狗血淋頭。你猜他說了句什麼話？先看看新聞的內容吧：「一名生於綜援家庭的女嬰，親生父母寧願每月花數百元買煙「煲」，卻聲稱不夠錢買奶粉；令這名在屯門醫院出世，連名字及出世紙也未有的女嬰，每到月底就要喝「水溝奶」，餓著肚皮在滿布濕濘及垃圾的家，也從未到過母嬰健康院接受疫苗注射及身體檢查。女嬰留在人世僅僅3個月，就慘被「活生生餓死」，死時不足6磅重，比出生時還輕。這對不配做人父母的男女，於高院承認誤殺罪......」

每天儲$55蚊
你的人生從此就不一樣

你們猜到我這個非常「口賤」的吸煙朋友講錯句咩話未？開估了，他說：「李麗珊話係香港地養大個仔要400萬，呢條友慳番當賺咗啦！」之後我老婆便不停地罵他、教訓他，認為這不是賺錢；是謀殺！我們先不談誰人謀殺了誰人的400萬，我們先看看如果戒煙一年，你可以慳番幾多買煙錢。我的「口賤」吸煙朋友，煙癮非常大，一日買一包煙，以大牌子售價$55蚊嚟計，即係一星期可以慳番$385；一個月可以慳番$1650；一年可以慳番$20075。

一個月一般打工仔嘅人工大約係$12,000左右，一個月買30至31包煙嘅錢，已經差唔多花咗分糧嘅七分一，呢筆錢已經可以請一家五口，去三星級酒店食個自助餐啦喂！一年唔少煙民都係月光族，每個月尾都荷包乾硬化末期，莫講話儲錢買樓，就連攞幾百蚊去個長洲旅行都怕月尾冇錢買煙。成功戒煙一年就可以多二萬幾蚊駛，就算去唔到歐洲，都可以去台灣玩番幾日啦！

致富是每個人都想要的，但卻很少人知道要如何做才能致富。相信大家都知道「聚沙成塔」這個觀念，但如果沒做好事前的準備工作，當你聚沙的同時，你也不知不覺流失掉更多的沙子。賺來的$1蚊，不見得是你的。存下來的$1蚊，才是你的。有很多打工仔都不明白，認真工作不一定有錢，可是認真儲錢，肯定有錢。

15

教你超越原子彈的投資威力

戒煙10年，10年可以食少3千幾包煙，亦即係食少7萬3千支煙，小數怕長計，就算未計加煙稅，戒戒下就慳到廿萬，雖然唔夠買樓俾首期，但都夠你擺酒娶老婆兼度蜜月啦。

睇到這裡，車！慳10年都係得果廿萬，點用戒煙錢滾出400萬層樓呀？你們的質疑是正確的，之前講的是單靠慳，只會慳是不會成大器的。如果你要由$55蚊變出400萬，你就要學會一種比原子彈更強的爆發力。原子彈的威力毋需解釋，但偉大的科學家愛因斯坦(Albert Einstein)卻說：「複息的威力比原子彈更可怕」。到底多可怕？或者應該說複息有多棒？

聽巴菲特講故事 感受複息的威力

有科學家計算過，假設錢是一種可以引爆的元素，複息的威力大過原子彈！用數學理論，把複息公式攤開來講就很悶，不如講一個股神巴菲特都很喜歡的故事給你們聽聽，可能大家會更具體明白。古時一個皇帝愛上一項稱為「圍棋」的遊戲，為決定嘉獎此項遊戲的發明者，他把發明者召入宮並且宣布要滿足發明者一個願望。發明者則說：「我的願望是你賞我一粒米，只要在棋盤上的第一格放上一粒米，在第二格上放上兩粒米，在第三格上加倍至四粒，依此類推，每一格均是前一格的雙倍，直到放滿整個棋盤為止。這就是我的願望。」

「好的！」皇帝認為佔到便宜，高興地大聲說：「把棋盤拿出來，讓在座的各位見證我們的協定。」於是發明者開始在棋盤上擺放米粒，每放一格便倍增米粒的數量。當第一排的8個格放滿時，1、2、4、8、16、32、64、128粒米，旁觀者大笑著，指指點點。

但放到第二排中間時，咯咯的笑聲漸漸消失了，而被驚訝聲所代替，因為小堆的米不久就增成了小袋的米，然後倍增成中袋的米，再倍增成大袋的米。到第二排結束時，皇帝知道他犯了個極大的錯誤。他欠發明者的米粒數為32768，而還有48個格子空著呢！如果要填埋餘下的48格，可以拿走的米，恐怕食幾代都食唔曬！

皇帝終止了這個遊戲，召來全國最聰明的數學家。他們打著算盤匆匆計算。最後得到一個不可思議的結論。一粒米在64格的棋盤上每個格倍增，最後是1800億萬粒米，於是皇帝向發明者提了一個建議：如果他放過皇帝，發明者將可得到上千公頃富饒的土地和鄉村莊園。發明者則高興地接受賞賜。

搞懂複息是什麼
為將來輕鬆買樓上車舖路

就算你不是煙民，你也可以試著想像一個場景，返工前點起第一枝香煙，然後展開人生的一天，就這樣35年，人生竟然花了你400萬！還未明白複息的你可能仍然會反問：「喂，之前的篇幅，你才說即使日日一包煙，一年最多駛$20075；就算抽足35年，點會搞出400萬呀？」一點都沒錯，每天一包煙，長期下來卻是我們致富的一大障礙。一包煙$55蚊，一個月可以慳番$1650，如果拿去購買基金或是其他的投資，以10％左右的複息計算，35年後，滾出400萬絕對有可能。

利滾利的奧妙

銀行家在做財務規劃時，了解複息的運作和計算是相當重要的，他們常喜歡用「利滾利」來形容某項投資獲利快速、報酬驚人，比方說拿一萬元去買年報酬率 20％的股票，若一切順利，約莫三年半的時間，一萬元就變成二萬元。複息的時間乘數效果，更是這其中的奧妙所在。把複息公式攤開來看，「本利和＝本金 x（1＋利率）x 期數」，這個「期數」時間因子是整個公式的關鍵因素，一年又一年（或一月一月）地相乘下來，數值當然會愈來愈大。複息的威力大過原子彈，點會打不過煙癮呀？我吸了多年煙的「口賤」朋友，聽了我解釋複息的魔力，已經成功戒煙！如果你或你男朋友、老公未戒煙，現在知點做啦！

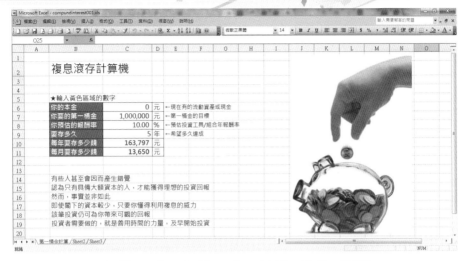

利用複息滾存計算機
訂目標讓人多存80%的錢

你自己的第一桶金以多少為目標呢？覺得要存到多久才可以存到？不管怎樣，投資理財真的很重要而且愈早開始愈好。因為如果不是靠創業，一般打工仔的薪水是不容易賺到第一桶金，更不用說第二桶金；而要找到一個穩定的投資方法也不是容易的事，需要一步一步建立，搭配良好的財務管理習慣，才可以為自己人生創造更美好的生活環境！網上有些Excel表可供下載，幫助大家去推算一下要用多少時間，在一個什麼的報酬率情況下，透過複息滾存，達成自己的投資目標，給自己一個方向去做簡單的財務規劃。下載網址：http://www.babysmartmind.com/?p=6536

手機下載網址

複息滾存計算機應用教學

如果想有效儲錢，就必須定立明確的目標，愈清楚的目標完成到的機會愈高。寫低明確的目標數字，例如3年內儲$500,000，每年儲$100,000等等。而目標要寫在當眼處看到，用以提醒自己，決不半途而廢。當你下載好「複息滾存計算機」的Excel表，打開後，你會見到黃色區域。黃色區域是可以變動的數字，你可以依照自己的想儲到第一桶金的目標，輸入銀碼。在「你的本金」一欄，你可以輸入現有的流動資產或現金，這個數越多，你每月就可以相應地儲少一點，也能達成你的「第一桶金目標」。

Excel表一開始假設你的本金是$0，而你想儲第一桶金是100萬，再假定了找到預期約10％回報的投資項目，若你想要5年內完作這個計劃，你每個月便要儲到$13,650。因為每個人的搵錢能力和目標都不同，所以有些數字是可以調節的。比方說，你一定要儲到100萬；但又覺得每個月儲$13,650很有壓力，或根本沒有可能，你可以把「要存多久」一欄由5年調節到10年。這樣，你每個月儲$5,229，10年後也會有100萬。

有財務專家做過一項實驗，專家要求實驗對象在銀行設定一個「種子戶口」(Seed Account)，在還沒有實現某種目標之前不能動用種子戶口裡任何一毛錢。結果令人驚奇，光是設定儲錢目標這個動作，頭一年就讓這些人的儲錢金額高出以往的80％。

誰偷走了你的錢？
利用資產膨脹幫你賺錢

乘一部下行的自動扶梯，只有以高於扶梯下行的速度向上走，才能走得上去；考慮到通脹，財富其實也在乘一部下行的自動扶梯，只有財富的增值速度超越通脹，財富才能得到保障。1626年，印地安人24美圓就賣了曼哈頓島，如果當時他們把這筆錢用於投資，以每年7.2％的收益率成長，到現在這筆錢將變成7萬億美圓，時間對投資結果的改變是驚人的！唔好講到1626年咁遠，過去這五年來，全球央行印了很多的鈔票，總之就是這地球上無端端多了很多錢。對於一般工作者而言，辛勤地努力工作，當然是必要的，但是若沒有跟上這波資產膨脹，你很可能會越賺越苦。

做好理財對抗通膨
20年世界投資指數大比拼

根據統計物價每年平均上漲的比例為3％，也就是說今年價格100元之物品，經過一年後會上漲至$103元，若以複息計算，10年後會上漲至$134元，20年後會上漲至$181元，若我們的收入或資產沒有隨著時間每年增加3％，那麼所擁有的財富就是在縮水了。所以理財的基本要求就是至少要能對抗通膨。凡是無法對抗通膨的工具都未達基本標準。下表中我們分別追蹤 Dow Jones、Nasdaq、S&P500、恆指四種指數20年的變化。

	DOWJONES	NASDAQ	S&P500	恆指
2006/9/26	11669	2261	1336	17308
2001/9/26	8567 136％	1464 154％	1007 133％	9371 185％
1996/9/26	5869 199％	1228 184％	686 195％	11636 149％
1991/9/26	3017 387％	527 429％	386 346％	3927 440％
1986/9/26	1770 659％	352 643％	232 575％	3840 450％

投資獲利的保證人：時間 利率分析				
10年	7.11％	6.30％	6.90％	5.60％
15年	9.44％	0.2％	8.62％	8.31％
20年	9.89％	9.75％	9.14％	9.11％

Dow Jones指數由1986年9月26日的1770點上漲至2006年9月26日的11669 點，共上漲659％，也就是如果20年前拿出100萬投資Dow Jones指數，現在可拿回659 萬，獲利相當豐厚。若計算成年複息約有10％（9.89％）。投資 Nasdaq 20年，當初的100萬也將成長到643萬，複息也有9.75％。由上表中更可以看得出來只要投資時間拉長到20年，幾乎都可得到將近10％的年報酬。因此我們可以大膽地說，只要投資觀念正確，時間就是投資獲利的保証人。

致富的簡單公式：

時間+年回報率

很多報章雜誌或電台電視都充斥著不同的股市專家，他們大都教投資者短線的買入/買出，止賺止蝕。從財務學的角度來說，其實，短線的進出並不一定能使人成為一個很富有的人，這點可能你會不同意，因為你應該有很多短線賺錢的經驗。不過這也難怪，因為「投資」和「投機」這兩個詞語，雖然相似；但一個字的差別，也已經很不同。

讓資本透過合宜的投資方法 去不斷增值

只要掌握到合宜的投資方法，把資本不斷增值，投資時間越長，累計的複息效果就越有果效；至於年回報率，假設你希望年回報率為 12%，就去尋找適合的投資工具。筆者有時經過銀行，看見很多人在股票機面前不停「工作」，又有些人在地下鐵裡用盡不多的乘車時間去鑽研「股票必勝法」，如果你連一些空餘的時間都沒有，我會建議你考慮基金投資。

投資理財的重要目的之一，就是讓資本透過合宜的投資方法去不斷增值；一般人認為只有有錢人才需要理財，但事實質上，錢不太多的人才更有需要去認識，去以錢生錢的方法去累積及建立自己的財富。下表清楚顯示，就算你錢不太多，不同的投資方式所帶來回報，差異可以很大。

投資年期	投資14,000 投入金額	2%（人民幣定期） 累積金額	11%（投資） 累積金額	銀行 vs 投資 相差
10年	14萬	15萬	23萬	8萬
20年	28萬	34萬	90萬	56萬
30年	42萬	57萬	279萬	222萬
40年	56萬	85萬	815萬	730萬

有些人甚至會因而產生錯覺，認為只有具備大額資本的人，才能獲得理想的投資回報。然而，事實並非如此。即使閣下的資本較少，只要你懂得利用複息的威力，該筆投資仍可為你帶來可觀的回報。投資者需要做的，就是善用時間的力量，及早開始投資和選對投資的工具。

唔好怨同人唔同命
其實你都有機會做百萬富翁

在設計公司做初級平面設計師的Danny，雖然算不上是「月剩族」；但亦明白儲蓄的重要性。他每年便不斷將收入獲得的HK$14,000持續儲蓄在銀行內，一心想以積少成多的方式致富（一年儲到萬四蚊，對於第一次出來社會工作的後生仔來說，總好過冇）。他的做法其實跟很多香港人也相似。Danny知道將金錢放入銀行能夠收取銀行的利息，以20年計算，他可累積資金為34萬，比投入的28萬多出6萬元，你可能會想，也不錯啊！不過，Danny的同事Nicole就明白複息的威力，她則以相同的金額每年HK$14,000投資在環球股市內，以11%（60年平均值）的複息增長，算一算她20年後，28萬的本金有機會增值至90萬，比單單存款在銀行收取2%利息的Danny，34萬足足多出56萬或一倍有多。

不要以為Nicole的職位和年紀大Danny很多，Danny和Nicole其實無論學歷又或經驗都是差不多的，所以理論上，這2個人每年的賺錢能力也很接近，但Danny卻感覺到，Nicole過的生活質素跟自己越來越大的差別（每年都有出遠門旅行，亦有名牌手袋），但並不知道原因，心想可能是Nicole的運氣或家底好罷了；他們的資產在20年後的分別其實只是懂得投資與否，而且Nicole也不是追求很高的年回報率，他的要求也只是環球股市60年的平均回報率。

這絕對不是運氣
普通人退休都可以拿著300萬

更重要的是，在40年後，當Danny和Nicole也到達退休之年，Danny的銀行只累積到85萬元，根本不足夠退休之用（以現時水平，在65歲退休時擁有約300萬儲蓄便免強足夠，假設每月約1萬元的支出）；而Nicole的基金戶口已累積至815萬元，足足比單單儲蓄在銀行的Danny多出730萬元。Nicole的才能較Danny高嗎？Nicole較幸運嗎？答案其實只是，Nicole比Danny懂得理財罷了。

如果你希望擁有持續穩定的理財投資收入，那麼投資在自己身上的學習就是非常重要。理財投資是一個會隨著時代不斷變化的課題，所以唯有不斷地充實自己這方面的知識才能讓你跟上財富的腳步。好多時候，我有很多好的投資結果都是在充實自己理財知識後所得到的，有時報酬甚至是學費用的好幾倍，不論是來自幾十蚊的一本書書或是上千、上萬塊錢的課程裡，都曾經賺回好幾倍的獲利，天底下最好的投資應該就是投資在自己腦袋了。

就從本書開始，這章節裡有幾頁複息計算表，是專家門計出來的複息錢滾錢方程式。憑著你每月儲蓄的能力，去看看你退休後，可以達到那一個生活水平吧！這絕對不是運氣，普通人退休都可以拿著300萬。理財不是一門困難的課程，只是他不像中學或大學一樣，幾年就可以讀完，它是一種需要持續前進的學習！

縮短你的達標的時間

喜歡個個月都炒炒賣賣，只得11％的每年回報，對於短線投機的人士可能覺得很小，但實際上，若你的整體資金能夠以每年11％上升，長時間「錢生錢」的效果是巨大的。一個身無分毫的打工仔只要真的明白這理財法則並身體力行，每年投資$18,000（每月約 $1,500）40年後也有機會累積至1千萬，當然，如果加入通脹的因素，那時的一千萬，可能不及現在的一千萬好用，但夢想成為千萬富翁的願望其實大多數人也可以做到，只要有正確的投資觀念及對目標持之以行。

當然，每位讀者的財務狀況也不一樣，但只要你手頭上有些資金，其實你已經可以減小很多令你成為千萬富翁的時間，例如你現在只擁有30萬元，其實你已可用小十年的時間（30年）達至一千萬的目標；又假設你已坐擁120萬，其實你只要投資在約12％的年回報的基金上，加上每年持續投資$18,000元，你只須要18年的時間便已到達目標；又假若你的投資資金已達360萬，真恭喜你，你很有機會再過8年便是千萬富翁了！

你可能會問，那40年後全世界都係百萬富翁啦！大家都在說吸煙危害健康，偏偏都有人不聽；複息的效應，其實中學讀書都有教，但仍然有人置之不理。如果40年後真的有很多百萬富翁，最怕的，就是其中一個不是你。當從現在學會理財投資吧！

每月儲 $500
三十年後你可以有幾多錢？

	5%	10%	15%	20%	25%
1年	$6,136.29	$6,270.27	$6,402.09	$6,531.90	$6,659.82
2年	$12,579.39	$13,167.56	$13,764.50	$14,370.19	$14,984.60
3年	$19,344.65	$20,754.59	$22,231.27	$23,776.13	$25,390.58
4年	$26,448.17	$29,100.32	$31,968.06	$35,063.26	$38,398.05
5年	$33,906.87	$38,280.62	$43,165.36	$48,607.82	$54,657.38
6年	$41,738.50	$48,378.94	$56,042.26	$64,861.29	$74,981.55
7年	$49,961.71	$59,487.11	$70,850.69	$84,365.45	$100,386.76
8年	$58,596.09	$71,706.09	$87,880.39	$107,770.45	$132,143.28
9年	$67,662.18	$85,146.96	$107,464.54	$135,856.44	$171,838.92
10年	$77,181.58	$99,931.93	$129,986.31	$169,559.63	$221,458.48
11年	$87,176.95	$116,195.39	$155,886.36	$210,003.47	$283,482.92
12年	$87,176.95	$134,085.20	$185,671.40	$258,536.06	$361,013.47
13年	$108,691.98	$153,763.98	$219,924.21	$316,775.18	$457,926.67
14年	$120,262.87	$175,410.65	$259,314.93	$386,662.12	$579,068.16
15年	$132,412.30	$199,221.98	$304,614.27	$470,526.45	$730,495.02
16年	$145,169.20	$225,414.45	$356,708.50	$571,163.64	$919,778.60
17年	$158,563.95	$254,226.17	$416,616.87	$691,928.28	$1,156,383.07
18年	$172,628.44	$285,919.05	$485,511.49	$836,845.84	$1,452,138.67
19年	$187,396.15	$320,781.22	$564,740.31	$1,010,746.91	$1,821,833.16
20年	$202,902.24	$359,129.61	$655,853.45	$1,219,428.19	$2,283,951.27
21年	$219,183.64	$401,312.84	$760,633.56	$1,469,845.74	$2,861,598.91
22年	$236,279.11	$447,714.40	$881,130.69	$1,770,346.79	$3,583,658.46
23年	$254,229.36	$498,756.10	$1,019,702.39	$2,130,948.05	$4,486,232.90
24年	$273,077.12	$554,901.98	$1,179,059.84	$2,563,669.57	$5,614,450.95
25年	$292,867.26	$616,662.45	$1,362,320.91	$3,082,935.38	$7,024,723.51
26年	$313,646.91	$684,598.96	$1,573,071.14	$3,706,054.37	$8,787,564.21
27年	$335,465.55	$759,329.13	$1,815,433.91	$4,453,797.14	$10,991,115.09
28年	$358,375.11	$841,532.31	$2,094,151.09	$5,351,088.48	$13,745,553.69
29年	$382,430.16	$931,955.81	$2,414,675.85	$6,427,838.08	$17,188,601.93
30年	$407,687.95	$1,031,421.66	$2,783,279.32	$7,719,937.60	$21,492,412.24

每月儲 $1000
三十年後你可以有幾多錢？

	5%	10%	15%	20%	25%
1年	$12, 272. 58	$12, 540. 54	$12, 804. 19	$13, 063. 81	$13, 319. 65
2年	$25, 158. 78	$26, 335. 13	$27, 529. 00	$28, 740. 38	$29, 969. 21
3年	$38, 689. 30	$41, 509. 18	$44, 462. 54	$47, 552. 27	$50, 781. 16
4年	$52, 896. 34	$58, 200. 63	$63, 936. 11	$70, 126. 53	$76, 796. 09
5年	$67, 813. 74	$76, 561. 23	$86, 330. 72	$97, 215. 64	$109, 314. 77
6年	$83, 477. 00	$96, 757. 89	$112, 084. 51	$129, 722. 58	$149, 963. 10
7年	$99, 923. 43	$118, 974. 22	$141, 701. 38	$168, 730. 90	$200, 773. 53
8年	$117, 192. 18	$143, 412. 17	$175, 760. 77	$215, 540. 89	$264, 286. 56
9年	$135, 324. 37	$170, 293. 93	$214, 929. 08	$271, 712. 88	$343, 677. 85
10年	$154, 363. 16	$199, 863. 86	$259, 972. 63	$339, 119. 27	$442, 916. 95
11年	$174, 353. 90	$232, 390. 78	$311, 772. 71	$420, 006. 93	$566, 965. 84
12年	$195, 344. 17	$268, 170. 39	$371, 342. 80	$517, 072. 13	$722, 026. 95
13年	$217, 383. 96	$307, 527. 97	$439, 848. 41	$633, 550. 36	$915, 853. 33
14年	$240, 525. 73	$350, 821. 30	$518, 629. 86	$773, 324. 24	$1, 158, 136. 32
15年	$264, 824. 59	$398, 443. 97	$609, 228. 53	$941, 052. 90	$1, 460, 990. 04
16年	$290, 338. 40	$450, 828. 90	$713, 417. 00	$1, 142, 327. 29	$1, 839, 557. 20
17年	$317, 127. 90	$508, 452. 33	$833, 233. 74	$1, 383, 856. 55	$2, 312, 766. 15
18年	$345, 256. 87	$571, 838. 10	$971, 022. 99	$1, 673, 691. 67	$2, 904, 277. 33
19年	$374, 792. 29	$641, 562. 45	$1, 129, 480. 62	$2, 021, 493. 82	$3, 643, 666. 31
20年	$405, 804. 49	$718, 259. 23	$1, 311, 706. 90	$2, 438, 856. 39	$4, 567, 902. 54
21年	$438, 367. 29	$802, 625. 69	$1, 521, 267. 13	$2, 939, 691. 47	$5, 723, 197. 82
22年	$472, 558. 23	$895, 428. 79	$1, 762, 261. 38	$3, 540, 693. 58	$7, 167, 316. 92
23年	$508, 458. 72	$997, 512. 21	$2, 039, 404. 78	$4, 261, 896. 10	$8, 972, 465. 80
24年	$546, 154. 23	$1, 109, 803. 97	$2, 358, 119. 68	$5, 127, 339. 13	$11, 228, 901. 90
25年	$585, 734. 52	$1, 233, 324. 90	$2, 724, 641. 83	$6, 165, 870. 77	$14, 049, 447. 02
26年	$627, 293. 82	$1, 369, 197. 93	$3, 146, 142. 29	$7, 412, 108. 73	$17, 575, 128. 43
27年	$670, 931. 09	$1, 518, 658. 26	$3, 630, 867. 82	$8, 907, 594. 29	$21, 982, 230. 18
28年	$716, 750. 22	$1, 683, 064. 62	$4, 188, 302. 18	$10, 702, 176. 95	$27, 491, 107. 38
29年	$764, 860. 31	$1, 863, 911. 62	$4, 829, 351. 69	$12, 855, 676. 15	$34, 377, 203. 87
30年	$815, 375. 91	$2, 062, 843. 31	$5, 566, 558. 64	$15, 439, 875. 19	$42, 984, 824. 48

每月儲 $1500
三十年後你可以有幾多錢？

	5%	10%	15%	20%	25%
1年	$18,408.87	$18,810.80	$19,206.28	$19,595.71	$19,979.47
2年	$37,738.18	$39,502.69	$41,293.51	$43,110.57	$44,953.81
3年	$58,033.95	$62,263.76	$66,693.81	$71,328.40	$76,171.74
4年	$79,344.51	$87,300.95	$95,904.17	$105,189.79	$115,194.14
5年	$101,720.61	$114,841.85	$129,496.08	$145,823.46	$163,972.15
6年	$125,215.50	$145,136.83	$168,126.77	$194,583.87	$224,944.66
7年	$149,885.14	$178,461.32	$212,552.07	$253,096.36	$301,160.29
8年	$175,788.27	$215,118.26	$263,641.16	$323,311.34	$396,429.84
9年	$202,986.55	$255,440.89	$322,393.62	$407,569.32	$515,516.77
10年	$231,544.74	$299,795.79	$389,958.94	$508,678.90	$664,375.43
11年	$261,530.85	$348,586.17	$467,659.07	$630,010.40	$850,448.76
12年	$293,016.25	$402,255.59	$557,014.21	$775,608.19	$1,083,040.42
13年	$326,075.93	$461,291.95	$659,772.62	$950,325.54	$1,373,780.00
14年	$360,788.60	$526,231.95	$777,944.80	$1,159,986.36	$1,737,204.47
15年	$397,236.89	$597,665.95	$913,842.80	$1,411,579.35	$2,191,485.06
16年	$435,507.60	$676,243.36	$1,070,125.50	$1,713,490.93	$2,759,335.80
17年	$475,691.85	$762,678.50	$1,249,850.61	$2,075,784.83	$3,469,149.22
18年	$517,885.31	$857,757.15	$1,456,534.48	$2,510,537.51	$4,356,416.00
19年	$562,188.44	$962,343.67	$1,694,220.93	$3,032,240.72	$5,465,499.47
20年	$608,706.73	$1,077,388.84	$1,967,560.35	$3,658,284.58	$6,851,853.81
21年	$657,550.93	$1,203,938.53	$2,281,900.69	$4,409,537.21	$8,584,796.73
22年	$708,837.34	$1,343,143.19	$2,643,392.08	$5,311,040.37	$10,750,975.39
23年	$762,688.08	$1,496,268.31	$3,059,107.17	$6,392,844.16	$13,458,698.70
24年	$819,231.35	$1,664,705.95	$3,537,179.53	$7,691,008.70	$16,843,352.85
25年	$878,601.78	$1,849,987.35	$4,086,962.74	$9,248,806.15	$21,074,170.54
26年	$940,940.74	$2,053,796.89	$4,719,213.43	$11,118,163.10	$26,362,692.64
27年	$1,006,396.64	$2,277,987.38	$5,446,301.73	$13,361,391.43	$32,973,345.28
28年	$1,075,125.34	$2,524,596.93	$6,282,453.27	$16,053,265.43	$41,236,661.07
29年	$1,147,290.47	$2,795,867.42	$7,244,027.54	$19,283,514.23	$51,565,805.80
30年	$1,223,063.86	$3,094,264.97	$8,349,837.95	$23,159,812.79	$64,477,236.73

每月儲 $2000
三十年後你可以有幾多錢？

	5%	10%	15%	20%	25%
1年	$24,545.16	$25,081.07	$25,608.38	$26,127.62	$26,639.30
2年	$50,317.57	$52,670.25	$55,058.01	$57,480.76	$59,938.41
3年	$77,378.60	$83,018.35	$88,925.09	$95,104.53	$101,562.31
4年	$105,792.69	$116,401.26	$127,872.23	$140,253.05	$153,592.19
5年	$135,627.48	$153,122.46	$172,661.44	$194,431.28	$218,629.53
6年	$166,954.00	$193,515.78	$224,169.03	$259,445.16	$299,926.21
7年	$199,846.86	$237,948.43	$283,402.76	$337,461.81	$401,547.06
8年	$234,384.36	$286,824.35	$351,521.55	$431,081.79	$528,573.12
9年	$270,648.73	$340,587.85	$429,858.16	$543,425.76	$687,355.69
10年	$308,726.32	$399,727.71	$519,945.26	$678,238.54	$885,833.91
11年	$348,707.79	$464,781.56	$623,545.42	$840,013.86	$1,133,931.68
12年	$390,688.34	$536,340.79	$742,685.61	$1,034,144.25	$1,444,053.90
13年	$434,767.91	$615,055.94	$879,696.83	$1,267,100.72	$1,831,706.67
14年	$481,051.46	$701,642.61	$1,037,259.73	$1,546,648.48	$2,316,272.63
15年	$529,649.19	$796,887.94	$1,218,457.06	$1,882,105.80	$2,921,980.08
16年	$580,676.80	$901,657.81	$1,426,834.00	$2,284,654.57	$3,679,114.40
17年	$634,255.80	$1,016,904.66	$1,666,467.47	$2,767,713.11	$4,625,532.29
18年	$690,513.74	$1,143,676.20	$1,942,045.97	$3,347,383.34	$5,808,554.66
19年	$749,584.59	$1,283,124.89	$2,258,961.24	$4,042,987.63	$7,287,332.63
20年	$811,608.97	$1,436,518.46	$2,623,413.81	$4,877,712.78	$9,135,805.08
21年	$876,734.57	$1,605,251.38	$3,042,534.25	$5,879,382.95	$11,446,395.64
22年	$945,116.46	$1,790,857.59	$3,524,522.77	$7,081,387.16	$14,334,633.85
23年	$1,016,917.44	$1,995,024.42	$4,078,809.56	$8,523,792.21	$17,944,931.61
24年	$1,092,308.46	$2,219,607.93	$4,716,239.37	$10,254,678.27	$22,457,803.80
25年	$1,171,469.04	$2,466,649.80	$5,449,283.65	$12,331,741.54	$28,098,894.05
26年	$1,254,587.65	$2,738,395.85	$6,292,284.57	$14,824,217.46	$35,150,256.86
27年	$1,341,862.19	$3,037,316.51	$7,261,735.64	$17,815,188.57	$43,964,460.37
28年	$1,433,500.45	$3,366,129.23	$8,376,604.36	$21,404,353.91	$54,982,214.75
29年	$1,529,720.63	$3,727,823.23	$9,658,703.39	$25,711,352.31	$68,754,407.74
30年	$1,630,751.81	$4,125,686.63	$11,133,117.27	$30,879,750.39	$85,969,648.97

每月儲 $4000
三十年後你可以有幾多錢？

	5%	10%	15%	20%	25%
1年	$49,090.31	$50,162.15	$51,216.75	$52,255.24	$53,278.59
2年	$100,635.14	$105,340.51	$110,116.02	$114,961.52	$119,876.83
3年	$154,757.20	$166,036.70	$177,850.17	$190,209.06	$203,124.63
4年	$211,585.37	$232,802.52	$255,744.45	$280,506.11	$307,184.38
5年	$271,254.95	$306,244.92	$345,322.87	$388,862.57	$437,259.06
6年	$333,908.01	$387,031.56	$448,338.05	$518,890.32	$599,852.42
7年	$399,693.72	$475,896.86	$566,805.52	$674,923.62	$803,094.11
8年	$468,768.72	$573,648.69	$703,043.10	$862,163.58	$1,057,146.23
9年	$541,297.46	$681,175.71	$859,716.31	$1,086,851.53	$1,374,711.38
10年	$617,452.65	$799,455.43	$1,039,890.51	$1,356,477.07	$1,771,667.82
11年	$697,415.59	$929,563.12	$1,247,090.84	$1,680,027.72	$2,267,863.36
12年	$781,376.68	$1,072,681.57	$1,485,371.22	$2,068,288.50	$2,888,107.80
13年	$869,535.82	$1,230,111.88	$1,759,393.65	$2,534,201.44	$3,663,413.34
14年	$962,102.92	$1,403,285.21	$2,074,519.45	$3,093,296.96	$4,632,545.26
15年	$1,059,298.38	$1,593,775.88	$2,436,914.13	$3,764,211.59	$5,843,960.17
16年	$1,161,353.61	$1,803,315.61	$2,853,668.00	$4,569,309.14	$7,358,228.80
17年	$1,268,511.60	$2,033,809.32	$3,332,934.95	$5,535,426.21	$9,251,064.59
18年	$1,381,027.49	$2,287,352.40	$3,884,091.94	$6,694,766.69	$11,617,109.33
19年	$1,499,169.17	$2,566,249.79	$4,517,922.49	$8,085,975.26	$14,574,665.25
20年	$1,623,217.94	$2,873,036.91	$5,246,827.61	$9,755,425.55	$18,271,610.15
21年	$1,753,469.15	$3,210,502.75	$6,085,068.51	$11,758,765.90	$22,892,791.28
22年	$1,890,232.92	$3,581,715.17	$7,049,045.54	$14,162,774.31	$28,669,267.70
23年	$2,033,834.87	$3,990,048.84	$8,157,619.12	$17,047,584.41	$35,889,863.21
24年	$2,184,616.93	$4,439,215.87	$9,432,478.74	$20,509,356.53	$44,915,607.61
25年	$2,342,938.08	$4,933,299.60	$10,898,567.30	$24,663,483.08	$56,197,788.10
26年	$2,509,175.30	$5,476,791.70	$12,584,569.15	$29,648,434.93	$70,300,513.71
27年	$2,683,724.37	$6,074,633.02	$14,523,471.27	$35,630,377.15	$87,928,920.73
28年	$2,867,000.90	$6,732,258.47	$16,753,208.72	$42,808,707.82	$109,964,429.51
29年	$3,059,441.25	$7,455,646.46	$19,317,406.78	$51,422,704.62	$137,508,815.48
30年	$3,261,503.63	$8,251,373.26	$22,266,234.55	$61,759,500.78	$171,939,297.94

每月儲 $10000
三十年後你可以有幾多錢？

	5%	10%	15%	20%	25%
1年	$122, 725. 78	$125, 405. 37	$128, 041. 88	$130, 638. 09	$133, 196. 48
2年	$251, 587. 84	$263, 351. 27	$275, 290. 04	$287, 403. 80	$299, 692. 07
3年	$386, 893. 01	$415, 091. 76	$444, 625. 43	$475, 522. 65	$507, 811. 57
4年	$528, 963. 43	$582, 006. 30	$639, 361. 13	$701, 265. 27	$767, 960. 94
5年	$678, 137. 38	$765, 612. 30	$863, 307. 18	$972, 156. 42	$1, 093, 147. 65
6年	$834, 770. 02	$967, 578. 90	$1, 120, 845. 14	$1, 297, 225. 79	$1, 499, 631. 04
7年	$999, 234. 30	$1, 189, 742. 15	$1, 417, 013. 79	$1, 687, 309. 04	$2, 007, 735. 28
8年	$1, 171, 921. 79	$1, 434, 121. 73	$1, 757, 607. 74	$2, 155, 408. 94	$2, 642, 865. 58
9年	$1, 353, 243. 65	$1, 702, 939. 27	$2, 149, 290. 78	$2, 717, 128. 82	$3, 436, 778. 45
10年	$1, 543, 631. 61	$1, 998, 638. 57	$2, 599, 726. 28	$3, 391, 192. 68	$4, 429, 169. 55
11年	$1, 743, 538. 97	$2, 323, 907. 79	$3, 117, 727. 10	$4, 200, 069. 30	$5, 669, 658. 41
12年	$1, 953, 441. 69	$2, 681, 703. 94	$3, 713, 428. 05	$5, 170, 721. 25	$7, 220, 269. 49
13年	$2, 173, 839. 55	$3, 075, 279. 69	$4, 398, 484. 13	$6, 335, 503. 59	$9, 158, 533. 34
14年	$2, 405, 257. 31	$3, 508, 213. 03	$5, 186, 298. 64	$7, 733, 242. 40	$11, 581, 363. 15
15年	$2, 648, 245. 95	$3, 984, 439. 70	$6, 092, 285. 31	$9, 410, 528. 98	$14, 609, 900. 42
16年	$2, 903, 384. 02	$4, 508, 289. 04	$7, 134, 169. 99	$11, 423, 272. 86	$18, 395, 572. 00
17年	$3, 171, 278. 99	$5, 084, 523. 31	$8, 332, 337. 37	$13, 838, 565. 53	$23, 127, 661. 47
18年	$3, 452, 568. 72	$5, 718, 381. 00	$9, 710, 229. 86	$16, 736, 916. 72	$29, 042, 773. 32
19年	$3, 747, 922. 93	$6, 415, 624. 47	$11, 294, 806. 22	$20, 214, 938. 16	$36, 436, 663. 13
20年	$4, 058, 044. 85	$7, 182, 592. 28	$13, 117, 069. 03	$24, 388, 563. 88	$45, 679, 025. 39
21年	$4, 383, 672. 87	$8, 026, 256. 88	$15, 212, 671. 27	$29, 396, 914. 75	$57, 231, 978. 21
22年	$4, 725, 582. 29	$8, 954, 287. 93	$17, 622, 613. 84	$35, 406, 935. 79	$71, 673, 169. 24
23年	$5, 084, 587. 18	$9, 975, 122. 09	$20, 394, 047. 79	$42, 618, 961. 04	$89, 724, 658. 03
24年	$5, 461, 542. 31	$11, 098, 039. 66	$23, 581, 196. 85	$51, 273, 391. 33	$112, 289, 019. 02
25年	$5, 857, 345. 21	$12, 333, 249. 00	$27, 246, 418. 25	$61, 658, 707. 69	$140, 494, 470. 25
26年	$6, 272, 938. 24	$13, 691, 979. 26	$31, 461, 422. 87	$74, 121, 087. 32	$175, 751, 284. 29
27年	$6, 709, 310. 93	$15, 186, 582. 55	$36, 308, 678. 18	$89, 075, 942. 87	$219, 822, 301. 84
28年	$7, 167, 502. 25	$16, 830, 646. 17	$41, 883, 021. 79	$107, 021, 769. 54	$274, 911, 073. 77
29年	$7, 648, 603. 14	$18, 639, 116. 16	$48, 293, 516. 94	$128, 556, 761. 54	$343, 772, 038. 69
30年	$8, 153, 759. 07	$20, 628, 433. 14	$55, 665, 586. 37	$154, 398, 751. 94	$429, 848, 244. 84

筆記欄

運用72法則
短短時間把50萬
變100萬

你的儲錢能力
比你想像中的強！

聽過龜兔賽跑的故事吧！故事中的兔子以為跑得較快而偷懶在樹下休息，最後輸掉這場比賽，這隻兔子的境遇其實不是整個故事的重點，故事的真正重點在於：烏龜雖然跑得很慢；但是只要有毅力，發揮永不放棄及持之以恆的精神，任何目標都有可能達成。時下年輕人或剛入社會的新鮮人，最常說出的理由就是「我根本沒有錢可理！」、「我的錢不夠，所以沒有錢可存！這些聽似有理的說詞，其實都只是年輕人為了「做不到」而找的藉口。儲錢的第一步，一定要變成一種習慣，即使錢少也無所謂。當數字開始累積，就會產生激勵效果，儲錢就會愈來愈有動力。

儲錢高手正在用的 8個令你快速有錢好習慣

每個星期花40～60個小時工作所賺到的收入,其中有多少是流進別人口袋,又有多少能留在身邊理財,長久下來絕對是財富的差距。現在為財務上所做的任何努力,未來的你一定會感謝自己。

1 勿以錢少而不為

年輕人儲錢也是同樣的道理,有錢人有有錢人儲蓄的方法,他們只要一個月少吃一次大餐,就能省下\$1、2千元;沒錢的年輕一族也有沒錢的儲蓄方法,即使每天只省下\$20元的飲料錢,只要發揮龜兔賽跑持之以恆的精神,一個月下來一樣能儲到\$600元的積蓄。這\$600元已經是有錢人一個月能省下錢的一半了,可見想要增加儲蓄能量,第一步要做的事就是「增強堅定信念」,你可以在經常碰觸或放眼所及的地方(例如隨身皮夾、手機或電腦螢幕旁)貼上類似「每天最少儲\$20蚊」的標語,以便隨時提醒自己別亂花錢。

2 確立儲錢目標

烏龜能夠持之以恆地走到終點,主要還是在於它有一個明確的目標:贏得比賽,如果沒有這項目標,故事中的烏龜也可能半途就停下腳步休息。所以當你準備儲蓄時,可以寫下存錢目標、增加自己的儲蓄意願,例如「8 年內儲到\$100萬買樓首期」、「3個月儲到\$1萬元買電腦」。如果想成功儲錢,就必須定立明確的目標,愈清楚的目標,成功的機會愈高。

③ 先存大錢再存小錢

財富的累積過程不會是直線上升，而是一種加速度曲線上揚，要先有前面的慢速才會有後面的加速跟快速；要先有前面的穩定累積，才會有後面的財務自由。所以，你要先從「較省力的大錢」開始儲。

比如有些人會把省錢地方專注在花費較小的吃飯錢上，每餐盡可能省個$5蚊、10蚊，一個月下來省約幾百蚊，但另一方面卻在手機或是靚車這些較大開銷上漏財。但其實只要稍微控管一下，類似手機或靚車這種大開銷常能省超過千元，錢儲起來也比較快速跟不痛苦。

你要先從整筆大金額開始儲，之後才去存小金額的錢。試想看看如果每個月領到薪水時就先拿出$1萬元儲，跟隨意儲$2,500元，哪種方法成功率較高呢？一般人的儲錢方法是：（收入-支出=儲蓄）；但要儲到大錢的方法則是：（收入-儲蓄=支出），先把該存的整筆金額扣除下來，之後再從生活中省去非必要的小開銷來增加更多儲蓄力。

在這個資本爆炸的年代，要維持穩定的生活品質，除了減少欲望之外，就只能比別人跑得更快，賺得更多。如果不能賺到更多的收入，那就先減少自己的欲望，儲到人生第一個100萬，之後你便可以作出更多的選擇，即使不能立即在財務上得到自由，但總比兩手空空來得好多了吧！

④ 要先從適合的方法

有些人比較不願意去考慮未來，所以對於儲錢比較消極被動，結果造成更貧窮。不過，有些人又會過份心急。雖然「求快」是一種競爭力的象徵，但記住在理財領域中並非如此，反而是愈想跑得快，跌到、受傷的可能性愈高。

不論你現在處於什麼階段，只要有經過規劃，就耐心地往目標前進；如果你還沒開始規劃，那就趕緊趁週末幫自己指引那條路，千萬不要被自己的心急拉向不切實際的投資理財世界。

不過，儲錢還有個更重要的觀念：方法要能讓你持續。因為每個人的收入高低、收入型式、用錢方式都不盡相同，不可能一種方法適用所有人，如果硬套用不適合的方法，過沒幾個月儲錢動力就會開始減弱，甚至開始心生不平衡亂花錢，反而失去前面的努力。

不管你用什麼方法，有恆的儲蓄才是致富的基礎。要增強儲蓄能量，可試試多讀 「省錢偉人」的傳記。讀了這些勤儉偉人的傳記，絕對有助於增強你的儲蓄能量。

不過，有一句俚語說得好：「錢四腳，人兩腳」，年輕人再怎麼省錢，恐怕也會覺得沒有辦法多儲太多錢，所以當你覺得自己的儲蓄能量已經繃到極限，省錢也省到最極端卻還是沒有存下太多錢時，就該朝開闢財源、兼差賺外快等方式，為自己掙得更多的錢財。

⑤ 清晰地列出儲錢計畫

每個人都有看地圖的經驗，當你開始要找路線時，第一個是不是先要找到自己的位置在那裡？這種「出發前要先知道自己在那裡」的常識，很多人在理財時卻不知道也該這樣做。如果你想要在財務上更獨立自主，想要未來的財務比現在還好，當然要知道該從那裡出發，日後也才知道如何掌握進度。

有計畫地儲錢，就是有計畫地實現夢想。當你了解自己的財務現況，也有了目標後，中間的路程就要靠儲錢計畫指引出來，讓自己每一天都離目標更近一些。這不會很複雜，其實就是將你想要實現的財務目標金額，換算成每個月要儲多少錢才可以儲到。

⑥ 定期記帳

或許你聽過別人說記帳沒效，或是記帳不能真正儲到錢，但對我來說因為記帳真的幫助太大，所以我一直將定期記帳視為重要且必要的理財習慣。把每天每月吃住花了多少錢，每個月收入有多少，下班回家時就把這些消費記錄下來。使用這本「過去」筆記，最大的好處就是可以完全地檢視自己的消費習慣，也就等於檢視自己的過去以來累積的理財能力。記帳是一個最簡單但也很重要的理財行為，就好像照妖鏡一樣可以把自己的理財消費習性反應出來，令你不會亂消費買東西。

⑦ 不想存款減少就停止討好其他人

如果你個個月人工先得萬幾，又要裝身，又要靚手袋，仲要換 iPhone6 plus（對上部電話仲未供完呀！）然後說冇錢儲到，邊會有人可憐你？資本主義的影響，讓人們開始用不同的方式去證明自己，其中一個會令人錢包大失血的就是「討好別人」。有的時候我們也會擔心別人看不起自己，而選擇買比較貴而不是比較實用的商品。如果有種機器是可以記錄人一生為了討好其他人所多花的錢，相信那些數字會非常驚人，從日常生活用品到買手機、手袋、買車、買樓，都可能因為「心中想證明什麼」而付出代價。所以，試著停止去討好別人，幫自己存下更多實質的錢，花錢方面也才算是真的隨「心」所欲。

⑧ 持續遠離債務

「零負債」是個聽起來不容易，卻是每個想要財務獨立自主的人值得追求的目標。這麼說吧，當你今天無債一身輕時，不只是生活壓力減少很多，就連被迫靠現有工作生活的壓力也會減少，你可能因此工作效率提升，或是更有勇氣跟主管大膽提出點子，有些人也因此不用再被討厭的工作綁住，更棒的是財務自由速度因為沒了負債也變得更快。無論你目前看待債務的想法是什麼，都希望你能一同思考，讓自己提前擁抱零負債的人生。

教你運用72法則
幾年間把50萬變成100萬

財富的累積往往需要經過一段時間才看得到成果，然而究竟要多久才能達成目標？有沒有方法可以算出讓資產倍增所需的時間？試試看理財72法則吧！有了儲蓄能量之後，接下來就要開始進入真槍實彈的領域，用科學的方法好好算一算你的儲蓄戰鬥力有多大。因為提到儲錢，有的社會新鮮人會認為：每個月能存的錢頂多$500元，一年也不過$6000元，乾脆放棄儲錢；有些年輕人則會認為把錢好好投資，就算是小錢以後也會變成大錢。這兩種看法，究竟那一個正確呢？就讓理財72法則告訴你。

什麼是「理財72法則」？

所謂「72法則」，就是不拿回利息，以利滾利，計算本金增值一倍所需的時間。也就是說是將72除以你所要追求的報酬率，除出來的商數會是你投資金額加倍的年數喔！「72法則」是一個經驗法則，以前做生意沒有計算機，商人和銀行業務員打交道，一大筆貸款的利率該怎麼計？用72法則來概算就可以迅速知道合不合算。所以72是很多金融專家在計算資產時，發現的一個有趣數字。

72法則的計算公式為
72/（年利率的數值）=資產加倍所需的年數

72法則應用實例

舉例來說，Cindy是個沒有投資概念的會社鮮新人，手中只要有閒錢都把它放在銀行裡。經過了好幾年，Cindy終於存到50萬元，如果Cindy繼續把這50萬元放在一年人民幣定期利率約只有2％的銀行裡，請問Cindy要等待多久，這50萬元才會讓Cindy賺到人生的第一個100萬元呢？

資產加倍所需的年數 = 72/2 = 36年

Cindy要經過36年，才能讓錢自動滾到人生的第一個100萬。如果 Cindy把50萬元好好地投資理財，假設股市近20年來平均有10％的投資報酬率計算，Cindy的50萬，只要用7.2年的時間（72/10=7.2年），就能累積出100萬元的金額。很多理財專家都提醒人，理財要趁早。

72法則錢滾錢的妙用之處

72法則的理財數字可以讓繁雜的複息計算，化為簡單好用的定律，讓辛苦存錢的年輕人一下子就能比較出「錢賺錢」的妙用，就像例子中投資股市與錢放銀行的滾錢速度的差別。

另外，從以上72法則的例子中可以看出：想要讓資產快速增值，年輕人每個月儲$500元還是$5000千元，似乎不是真正的「重點」，最重要的是存下來的錢，記得要放在投資報酬率較高的地方，因為儲蓄的戰鬥力與通膨侵蝕貨幣購買力息息相關。

這是因為物價每年都有上漲的情形，如果你辛苦儲蓄的錢放在投資報酬率極低的地方，例如銀行、活期儲蓄存款等等，錢只會越變越薄。以72法則來計算，物價上漲的威力，例如現在兩支汽水的價格是$20元，以每年平均3％的通貨膨脹率為基準，經過24年之後，兩支汽水的價格就會變成$40元(72/3=24年)，一份$7元的報紙到時候就會變成$14元、一個餐茶$35元將要變成$70元(去茶餐廳都要$70問你怕未！)。

活用72法則　揭開保險公司掩眼法

你明白了72法則，日後如果有保險經紀想用花言巧語來叫你買保險，說20年後，你參加的儲蓄險可以讓你連本帶利領回兩倍，不要太高興，因為根據72法則來算(72÷20=3.6)那只是百分之三點六的年息而已！這個回報率，只是等於是緊緊比通脹多少少，你買這份保險，等同送錢給壽險公司用。

24年內收入要加倍

經過72法則計算出來的物價上漲情形，反應出你的每個月收入也必須在24年之內成長一倍，否則生活水平會越來越差，例如過去每周吃一次宵夜的習慣，要改為每兩周才能吃一次；或是每年出國旅遊一次要改為每兩年才能出國一次。

從以上通貨膨脹侵蝕貨幣購買能力的例子裡可知，在投資報酬率不變的情形下，想要快速達成預定儲蓄退休金的金額，只有兩週方法，第一個多儲點錢，也就是趁年輕時，盡量提高儲蓄的金額；第二個方法是「早一點投資」。

舉例來說，在投資報酬率是10％的情形下，你想在入社會後（72/10＝7.2年），資產倍增到100萬時，你就要盡早儲蓄到50萬元，才能用錢滾錢的方式達成資產 Double的目標。

由25萬變100萬

如果你沒有辦法盡早儲蓄到50萬元，只存到了25萬元就不再存錢了，那麼資產倍增到50萬元時，要花7.2年；再從這50萬元資產倍增到100萬元，又要花另一個7.2年，前前後後一共要花14年！14 年才能讓資產從25萬元倍增到100萬。

人生有多少個14年可以渡過呢？所以愛花錢的年輕人呀！如果你沒有本事提高投資報酬率的話，還是盡早開始儲蓄大作戰吧。免得「少壯不努力，老大徒傷悲」的憾事發生在你的身上。

隨時抓住機會積少成多
由$10至$3000轉眼間就有

少不是問題，積少就會成多，所以我們要養成唔好睇唔起小面值貨幣的習慣。我們就需要制訂出一套只屬於自己的存錢規則。在這方面，我給自己制訂的規則就是存好$10蚊散銀。我會把收到的$10蚊硬幣放到銀包裡，一般不去使用它，而是在當天把它放到專放10蚊的存錢罐裡。這樣一來，每次別人找給我10蚊銀的時候，我都會很開心地想「10蚊又來了」。「10蚊又來了」雖然這是個十分單純的想法，但是卻能夠讓我對每$1蚊都潛意識地多了一份關注。

$10滾出旅費去旅行
少少錢帶來許許多多的驚喜

在把硬幣投入存錢罐後，我就不會再去想這些錢。另一方面，只要錢包裡有了$10蚊散銀，我肯定會把它投入存錢罐中。過了一段時間我才發現，原來在不知不覺中，存錢罐裡已經有了總計$3000幾蚊的硬幣。對我來說，這$3000幾蚊就像是突然冒出來的一樣，它們並不是我慳返來的，也不是一點一點積儲下來的。看到這$3000幾蚊，我不由得高呼自己真是太幸運了！我在銀行裡開了一個專用的戶口，裡面的錢都是可以自由使用的。在存錢罐徹底存滿、我又不需要用錢的時候，我就會把這些錢存到專用的戶口裡去。

想要儲得住錢 需要給自己驚喜與獎勵

在儲到一定程度後，我會拿這筆錢獎勵一下自己，去個小旅行，或是拿去買自己喜歡的東西。正是因為我在把錢投入存錢罐後就不再去想它，所以在用這些錢的時候我才沒有花自己錢的感覺。這樣便能讓我花得輕鬆痛快。

$10蚊散銀存錢罐總能給我一種「不知不覺就儲到這筆錢」的感覺，而且在花這些錢的時候也覺得十分爽快。不過，最重要的是，這份獎勵是通過一個良好習慣慳回來的。最後要提提大家，如果不分時間場合隨時給自己「獎勵」，那這樣是存不住錢的。我們要能夠掌控好給自己的「獎勵」，這一點是十分重要的。

教你運用階梯式儲錢法
一年後火速儲夠錢結婚

我有一個同事，總是零食不離口。在他的桌面，你隨時隨地都會見到不同款式的糖果。午飯後經過便利店，見他不是買雪條吃，就是買雪糕食。他還說，在晚飯後、睡覺前，我又會吃一些薯片、紫菜或布丁。不知道是心癮還是口癮，總之不吃過零食就睡不著。他還沾沾自喜地說：「大把本錢，食咗幾年都冇重過！」問他平均每天會花多少錢買零食，他說沒有正式統計過，但估計冇$100都有幾十。有一天他很苦惱，因為他想年半後結婚，要擺酒；但冇錢。即使人情夠填酒席錢，禮金、影結婚相、花車、禮服、渡蜜月樣樣都係錢，冇10萬都要8萬，怎麼辦？

儲錢之難　難在起步
一周一小步慢慢推進

我這個同事，吃零食就大把本錢；講到結婚，就冇曬本錢。有些從來沒有儲蓄習慣的人，提到儲錢就會多多借口。其實每天可以用$100幾十來買零食，豈會沒有儲錢的空間？習慣月月清的年輕人，要他們一下子每月撥出過千元作儲蓄似乎太難，要啟動儲蓄大計，先要選擇適合自己的儲蓄方法。所以，我就推介自己當年成功儲到第一桶金的方法：階梯式儲錢法。

把儲錢變成一個遊戲

階梯式儲錢法是一個很有趣的儲錢法，其實有點像是個遊戲，適合激起沒有儲蓄習慣的人的樂趣。這個儲錢法，起源於美國，有人第一個星期儲一元美金，第二個星期儲兩元，第三個星期儲三元，一直存下去，一年居然也儲了不少錢。一個星期儲得一兩蚊，就算係美金，咁少錢，就實趕唔切一年後儲夠錢結婚啦。所以，我給他提意用我當年的啟動金額，第一個星期就儲$100，然後第二個星期儲$200元，第三個星期就挑戰$300元......一直到第52個星期（一年）。這段時間，不經不覺，他就一共儲了$137,800元！他自己也不相信竟然可以做得到。

幫你把儲錢目標由大化小

階梯式儲錢法有甚麼好處呢？首先，每個星期儲錢讓你適應了儲蓄的習慣，也讓你把儲蓄的目標由大化成了小（每個星期只要多儲100元），也讓你更有儲蓄的成就感。

階梯式儲錢法
對消費抵抗力弱的人最有用

一件事如果做完時能夠產生成就感，那麼就會有更大的動力去完成下一個目標。而理財是需要走一輩子的事，所以沿途中每達成一個理財階段適時的給自己成就感是很重要。不過成就感可不是做些Easy的事自我催眠就能擁有，看看那些職業運動選手為何身家上億卻還是那麼在乎總冠軍？就是因為目標有一定的難度，太簡單就沒有感覺。

而我們階梯式儲錢法中可以預期到要執行它是有難度的，隨著時間愈靠近最後一週，你所需要存入的錢就也會愈多，我認為一般大概在第20星期之後就會遇到撞牆期，因為從上圖的Excel表顯示，去到第20個星期，你需要每星期開始儲2000蚊以上。畢竟，誰不想看著儲蓄越來越多呢？如果你能夠完成它，一定會有成就感。

週期	存入	帳戶累計	週期	存入	帳戶累計
第1週	10 元	10 元	第27週	270 元	3,780 元
第2週	20 元	30 元	第28週	280 元	4,060 元
第3週	30 元	60 元	第29週	290 元	4,350 元
第4週	40 元	100 元	第30週	300 元	4,650 元
第5週	50 元	150 元	第31週	310 元	4,960 元
第6週	60 元	210 元	第32週	320 元	5,280 元
第7週	70 元	280 元	第33週	330 元	5,610 元
第8週	80 元	360 元	第34週	340 元	5,950 元
第9週	90 元	450 元	第35週	350 元	6,300 元
第10週	100 元	550 元	第36週	360 元	6,660 元
第11週	110 元	660 元	第37週	370 元	7,030 元
第12週	120 元	780 元	第38週	380 元	7,410 元
第13週	130 元	910 元	第39週	390 元	7,800 元
第14週	140 元	1,050 元	第40週	400 元	8,200 元
第15週	150 元	1,200 元	第41週	410 元	8,610 元
第16週	160 元	1,360 元	第42週	420 元	9,030 元
第17週	170 元	1,530 元	第43週	430 元	9,460 元
第18週	180 元	1,710 元	第44週	440 元	9,900 元
第19週	190 元	1,900 元	第45週	450 元	10,350 元
第20週	200 元	2,100 元	第46週	460 元	10,810 元
第21週	210 元	2,310 元	第47週	470 元	11,280 元
第22週	220 元	2,530 元	第48週	480 元	11,760 元
第23週	230 元	2,760 元	第49週	490 元	12,250 元
第24週	240 元	3,000 元	第50週	500 元	12,750 元
第25週	250 元	3,250 元	第51週	510 元	13,260 元
第26週	260 元	3,510 元	第52週	520 元	13,780 元

為什麼有錢駛卻冇錢儲？

階梯式儲錢法最主要是針對消費抵抗力弱的人。你好多時聽到同事或朋友，要錢買樓、要錢結婚；但又成日話冇錢儲到。他們一方面呻收入月月清，但你又會發現他們手持的手機是最新型號，又或豪擲數萬元購買數碼相機或爬山單車，如此花費要儲蓄實在談何容易。

下載52週儲錢挑戰表 度身訂做自己的儲錢大計

大家要現實一點，理財不是變魔術，只有靠時間與儲錢。不過，每個人都有不同的存錢需求與目標，所以要調整適合自己的理財目標跟每天能負擔的存錢進度才行。以上的Excel表就協助大家設計出自己的52週理財挑戰表，你可以直接設定每週要多存的錢來符合自己的能力，如想牛刀小試，由每週$20開始。設定好後，電腦便會自動計出你一年後可儲到的總金額。你可以把圖表打印出來，每完成一週的進度就填上日期做確認，52週之後就可以很有成就感地跟自己說「我完成挑戰了！」。大家可以到以下網站，按「52週儲錢挑戰表」連結下載：http://www.babysmartmind.com/?p=6546

手機下載網址

53

收入3分法
儲蓄、生活費及投資

俗說話　：「狡兔有三窟」，這句話的意思是說：野兔平時會準備三個休息的洞窟，以免遭敵人追食，或某一個洞窟被攻擊時，還能有其他兩個洞窟當做棲身之所。年輕人賺錢不容易，如果沒有善加利用，很容易就變成「月光族」（到月底，戶口的錢就用光光），所以年輕人最好學習「狡兔三窟」的精神，把每個月賺來的錢也平均分成三等份來使用。這是種很簡單的收入分配觀念，如果你對執行預算還沒找到適合自己的方法，或是多帳戶管理覺得有些複雜不好持續，建議就從這種簡單的管理方式開始，讓自己擁有分配收入的能力，幫自己未來過更好的人生。

活用收入3分法 輕輕鬆鬆先儲蓄

第一份就是「儲蓄」的錢。幾乎80％以上的年輕人都不太有儲蓄的觀念,所以每個月月初一拿到薪水,就先花錢買東西、過生活,等到月底帳戶內有剩錢時。才留著當儲蓄的錢。這是絕對錯誤的理財觀念,年輕人要改為領到薪水時,先把要儲蓄的錢移到另一個事先準備的戶口裡。

因為唯有「先儲蓄、後開支」的做法,才能讓你在僅有剩餘的錢裡(第二份專屬生活費的錢),認真、刻苦地省錢過日子,這樣才能逼自己真正儲到錢。

最後第三份則是「投資」的錢。因為投資是一件具有風險的事,所以這筆名為「投資」的錢不可以和第一份「儲蓄」的錢混為一談。此外,這份「投資」的錢也不光是用來買股票、基金,包括上班後的在職進修、考牌照等加強本職學能的生活費,都可以算是「投資自己」的必要生活費,這筆學費的金額都不便宜,需要你每個月妥善地規劃、儲存。

如果你覺得剛入社會的薪資收入不高,平時生活費卻實在太大、無法節省(例如賺$1萬元,每個月的家用及必要開支就要花了數千元),所以根本沒有辦法完全做到上述每個月儲存三分之一、花三分之一、投資三分之一時,你至少要做到「儲蓄」的錢,佔薪水的30％、「生活費」的錢佔60％、「投資」的錢佔10％,這樣勉強也算及格啦!

一個$10蚊不等於兩個$5蚊

你知道李嘉誠的戶口有錢幾錢嗎？

1+1並不是任何時候都等於2，就像一個$10蚊銀並不能任何時候都等於兩個$5蚊銀一樣。實際生活中的許多問題，不能用簡單的加減乘除來概括。尤其在對待金錢上，由於心理帳戶的影響，一個$10蚊銀和兩個$5蚊銀是不能輕易畫等號的。心理學家認為，人們心裡面有一套會計系統，會將收入或用途不同的「錢」放進不同的帳戶，並且鎖起來。我們會運用心理帳戶(Mental accounting)的機制，賦予其不同的意義和功能，也影響到如何花費每一塊錢。李嘉誠的銀行戶口實際有幾多錢，可能連佢個仔都唔清楚；但李嘉誠的心理帳戶，正所謂心裡有數，這可能和你同我都一樣。

心理帳戶慳錢竅門你要知

個人和家庭在進行評估、追述經濟活動時，都有一系列認知上的反應。通俗點來說，就是人的頭腦裡有一種心理帳戶，人們把實際上客觀等價的支出或者收益在心理上劃分到不同的帳戶中。一般人都有心理帳戶的誤區，大家在心裡對同樣數額的金錢並不能平等地對待。這就是心理帳戶對我們消費的影響。

面對同樣數額同樣價值的金錢，我們在消費時不是將他們放在同一位置上考慮，而是視它們來自何方、去往何處，以及面值的大小而採取不同的消費態度。比如，一個$10蚊銀跟兩個$5 蚊銀在數值上是對等的，但在我們實際的消費中卻是不一樣。你有張$100元的紙幣，當你不將它「找散」時，可能會在袋裡很長時間都花不出去，而一旦被換成了零錢，那它就會在不知不覺中，被花在了連你自己也不知道的地方。當你後悔不知不覺花掉了錢時，它已經在別人的口袋裡了！這就是心理帳戶存在和影響的結果！

令3歲到80歲亂花錢絕招

心理帳戶不僅對年輕人有很大的影響，對老人也有很大的影響。比如作為子女，每當年終時，你想給父母一大筆錢表示孝心，希望他們買營養品、去旅行等等，但他們會因為心理帳戶影響，把這些錢存起來，不捨得花。這個時候你不妨將這筆錢分若干次以小額的形式給他們，這樣大錢就變成了，或者說是被歸為了零花錢的心理帳戶裡，他們會將這些小錢真正地利用在生活當中，你的孝心也真正地實現了！

我朋友的父母，他們都是退休人士。因為時間緊，朋友都沒空去給老人家買衣服，因此每到過年，朋友都給老人家錢，讓他們自己去買幾件好衣服穿，但老人每次都趁朋友走後，把錢存進銀行。當每次回家時，朋友看到父母身上還是那兩件衣服，就有點生氣地問他們為什麼不買衣服。老人每次都說不用買那麼好的衣服，有衣服穿就行了，那麼多錢還不如先放銀行存著呢。

朋友為此煩惱不已，覺得自己想盡點孝心都做不到。當我知道了這件事情，為幫助朋友解決煩惱，故意問她：「一個10蚊等於兩個5蚊嗎？」朋友說：「當然是相等的。」我卻反駁：「不，一個10蚊跟兩個5蚊在面值上是相等；但在實際生活中卻是不等的，人們都會受心理帳戶的影響。此後，每次過年前幾個月，朋友便分幾次，少少地給父母錢，兩老感覺錢不多，也就不再存銀行了，終於買了新衣服，又不知不覺地花掉在其他地方。

「血汗錢」新定義

另外，心理帳戶對人還有一個比較大的影響。許多人通常不重視自己贏來的錢，比如通過股票、基金等收益得來的錢，這些錢花起來特快，一點都不心疼，好像在花別人的錢一樣；而對自己正式工作時賺來的一分一毫血汗錢都斤斤計較，因為許多人覺得只有自己工作賺的錢才叫做「血汗錢」，花出去的時候才會心疼。這些就是心理帳戶給我們帶來的另一個影響。

因此，對待金錢一定要多幾分理性。自己口袋裡的金錢就跟自己的孩子一樣，不能厚此薄彼。在消費時一定要避免人為地設置心理帳戶，不要將不同用途或不同來源的錢區別對待。

看清心理帳戶的影響

以前，人們可能並不知道心理帳戶這個概念，但肯定在花錢時受到過心理帳戶的影響。當然，有時是好的影響，有時是壞的影響。心理帳戶引導你「小錢大花」時便是好的影響；而當它引導你「大錢小花」時，便是壞的影響。

避免人為地設置心理帳戶

正常人通常有心理帳戶陷阱，他們在心裡對每一枚硬幣並不是一視同仁的，而是視它們來自何方、往何處去而採取不同的態度。鑒於心理帳戶對人的投資和消費的影響，應避免人為地設置心理帳戶。下面再看心理帳戶對消費影響的例子。

Tom前幾天剛花五千多元買了一部最新上市的相機，誰知買來沒幾天就在巴士上被人扒去了。Tom既憤怒又無奈。他非常喜歡那個相機，要不要再買一個呢？最後權衡了一下，有點心痛錢，還是算了。

實際上，如果那天被扒走的不是新買五千多元的相機，而是同樣價值手機的話，那麼Tom會不會選擇再花五千多元買一個新手機呢？答案是肯定的。那時難道　Tom就不心痛錢了嗎？為什麼同樣是五千多元錢，買不一樣的東西，感覺就不一樣了呢？這就是心理帳戶在影響人的消費行為了。

神奇的止痛作用

單從價錢上講，買手機和買相機　其實是沒有區別的。Tom面臨的都是損失了價值五千多元的物品，只不過在兩種情況下，Tom損失的形式不同：在第一種情況下，Tom是因為被扒走了一部相機而損失了五千多元；而在第二種情況下，Tom是因為弄丟了手機而損失了五千多元。

同樣是損失了价值五千多元的東西，為什麼 Tom的選擇決定會截然相反呢？那正是心理帳戶所帶來的誤區，因為電話是必需品，所以再買回來，便有了一個自欺欺人的借口，下意識地令銀包發揮了神奇的止痛作用。

心理帳戶分類很細，也很自由，在你的日常支出預算中，甚至連衣服和娛樂門票都被嚴格地放在兩個不同帳戶中，也就是買衣服的錢和買門票的錢要從不同的兩個口袋中掏出。人們總傾向於把相似的支出歸類到同一個帳戶中，並且鎖起來，不讓預算在各個帳戶間流動。事實上，我們所有的經濟決策，消費決策也好，投資決策也罷，都不應該受到心理帳戶的影響。一個理性的決策者應該讓錢在不同的心理帳戶間流動，假如說，你某個帳戶超支了，你應該從其他帳戶中挪一點錢過來，保證各個帳戶間大致的比例不變。

看了Tom的故事，相信你一定笑了。

其實你不用笑，輪到你，你可能也會做出和Tom一樣的選擇。因為心理帳戶的現象在大家心裡是普遍存在的。心理帳戶的存在不僅影響著我們的理財投資決策，也影響著我們日常生活中的消費決策。因此在生活中，我們應該盡量避免人為地設置心理帳戶，客觀理性地對待自己的金錢。

「小錢大花」VS「大錢小花」

也許你自己還沒有意識到，你所做的、正在做的、將要做的決策中有很多欠理性的因素影響著你，甚至主宰著你，混淆你的方向，束縛你的手腳，使你有時離成功僅一步之遙卻只能望洋興嘆。「小錢大花」就是有時手裡的錢越小，花得越快越多，而手裡的錢越大，反而不那麼容易花出去了。

某西方經濟學家曾對個人消費問題進行過一次深入的研究。他以二戰後猶太人的消費為例進行了研究。二戰後，為了表示對猶太人的歉意賠償，西德政府賠償給以色列一筆撫恤金。當然，撫恤金是無法抹平戰爭的創傷；但是對於戰後元氣大傷的以色列人來說，能得到撫恤金也是一件意外的驚喜了。

撫恤金的分配方式不同，按照規則，每個家庭或者個人得到的賠款數額並不相同。有人獲得的賠款比較多，甚至超出了他們年收入的2/3；有人獲得的賠款則比較少，只相當於年收入的3/50。

理性地花錢的重要

經濟學家調查，發現了一個很奇怪的結果，在所有接受賠款的家庭中，消費率高的不是接受賠款多的家庭，而是那些接受賠款少的家庭。奇怪的是那些獲得賠款少的家庭，他們在得到賠款後的平均消費率居然高達2.00，這意味著什麼？

這相當於他們平均每收到$1元的撫恤金,不僅將它們全部用在了消費上,而且還要在自己的存款中掏出$1元填進去。得到賠款多的家庭則將自己所得賠款的大多數都存進了銀行或者買了股票。看了這個調查,相信你已經明白了什麼叫做「小錢大花」。這同樣是心理帳戶在作怪。

如何做出理性決策?

如果你想少幾分正常,多幾分理性的話,你應該明白,錢是沒有記憶的,不應該將同樣的錢人為地打上不同的記號,而要對不同來源不同時間和不同大小的收入一視同仁。你可以採用換位法,換個角度看問題,看看自己的決策是否和原來一致。利用換位法,換一個角度來思考同樣的問題,你在兩種等價的情況下所做出的決策是一致的、不矛盾的,你的行為就是理性的。

正常人通常有心理帳戶陷阱,他們在心裡對每一枚硬幣並不是一視同仁的,而是視它們來自何方、往何處去而採取不同的態度。這個故事告訴我們:應該理性地花錢,不要受到心理帳戶的影響。該花的錢一定要花,不該花的錢一定不能花。正確對待和合理利用自己的金錢才能讓自己的財富增值。

留意心理帳戶對投資理財的影響

Suki是個剛入市的股民。她聽收音機一位分析師說一隻股票很不錯，將來有50％的上漲空間，於是毫不猶豫地買了20000 股，買入價是$15元一股。誰知兩天後股市大跌，她買的股票已經跌到了$9元一股。Suki呆呆地坐在電腦前，不知道要不要拋掉。按照股票交易原則，跌幅超過7％以上就應該割肉處理了；但牛市還有一個不割肉的原則。

Suki也不知道該怎麼辦了，由於對後市大盤的情況不了解，他決定先做止虧，把股票套現。第二天，大盤穩了，Suki又上網看時，發現又有分析師在推薦Suki 賣掉的這隻股票了。Suki這時想，該不該重新買回來呢？和大多數人一樣，Suki的選擇是「不買回來」。然而在「不買回來」的同時，Suki又選擇了另一位分析師推薦的另一隻$9元的股票。

其實，在不知道內幕信息即無法預知那隻會漲那隻不會漲的情況下，Suki買的兩隻股票是完全等價的(如果不考慮公司的基本因數)。如果Suki不確定自己買的第二隻能不能漲的話，那還不如買回原先的那一隻，因為她畢竟對以前的那隻有了一定的了解。況且牛市裡買跌不買漲，買跌的股票漲上來的希望更大。

不過，Suki在心理上已經覺得原本那隻股票是賠的，而其實買另外一隻的話，用的錢是一樣的，而且也不能保証穩賺。那麼照這樣看，Suki等於做了一次自相矛盾的選擇，在面對同樣的錢同樣的投資機會時，她選擇了投資另外一隻自己不熟悉的股票。

最後結果是，原先跌下去的那隻股票真的在後市中表現亮麗，一次一次地創出了新高，而後買的這隻卻半死不活。Suki後悔得要死。其實，類似 Suki這種自相矛盾的行為在股市中屢見不鮮。這就是因心理帳戶的影響而導致人不能理性思考的表現之一。

令你破財的異常決策和行為

心理帳戶的存在影響著人們以不同的態度對待不同的支出和收益，從而做出不同的決策和行為。在上面的問題中，買自己虧損過$9元一隻的股票跟買自己沒有虧損過的$9元一隻股票，在賬面上其實是對等的，然而被放在不同的心理帳戶中，它們之間卻存在於「差距」因為人們總會覺得第一隻是賠錢的，實際上，其實是一樣的。因此，投資理財時一定要冷靜地思考，冷靜地判斷。

一個$10元不等於兩個$5元，隨便聽聽，會覺得很可笑，但只要結合生活中的實際去想想，便會啞然。因為存在心理帳戶的原因，同樣的面值實際效用並不一定相同。生活中能夠不受心理帳戶的影響，才能更好地理財。

筆記欄

贏多輸少
的投資竅門

投資前要搞懂的重要觀念

自從我買了樓給老婆之後，幾乎所有人問我理財的問題時，都是從同一個問題開始：「現在投資什麼能賺錢？」我從未見過一個人會從「現在投資什麼風險最大？」開始問問題。現今物價飛漲，錢存銀行會加快財富縮水，所以合理進行投資，讓資產獲得增值是很有必要的。不過，辛辛苦苦儲來的錢，豈能讓它們冒著全部輸光的風險？視錢如命的人生態度不好；但視錢如命的投資態度就不錯。「活著」比什麼都重要！其實，理財的第一考慮，不應是如何賺錢，而是應該考慮如何不虧錢或者少虧錢。只要存在價格波動，賺錢的機會就永遠存在，最關鍵的是如何保本。

生存能力最強的金融機構

拿破崙說：最重要的永遠是最後一戰。作為歷史上最杰出的軍人之一，拿破崙盡管有土倫戰役、意大利戰役、奧斯特利茨戰役等數十場天才般的戰役杰作，但對他來說最重要的一定是滑鐵盧戰役，因為從此以後他再也沒有機會展示他的才華了。不管是黃家駒、李小龍，還是約翰·甘迺迪總統，如果上天能再多給他們10年光陰，他們的成就一定會更大。

全球最大的金融集團之一摩根大通，在1907年和2008年相隔百年的兩場金融危機中，兩度出馬，充當央行或類央行角色拯救美國經濟，史上恐怕僅此一家。這100多年間，它可能不是最有贏利能力的金融機構，但一定是生存能力最強的金融機構。

自2006年起，市場就有關於次貸的質疑，但多數人不以為然，而摩根大通CEO吉米·戴蒙清醒地採取了遠離風險的策略。雖然市場在摩根大通清除次貸投資後繼續瘋狂，但最後的結果證明了他的明智。

我常常被問到一個問題：「現在我有100百萬，應該搏咩賺最多？」有很多人習慣了有錢必須投出去，好像遲了就趕不上尾班火車了。但事實遠不是如此，不必人人猴急搶個「少年得志」，有時做個「老不死」可能機會更多。買賭業股和直接去賭場就已經很不同，你想賺100％或以上的投資回報？直接去賭場吧！

鱷魚式保本投資方法

大約在6500萬年前，一顆小行星撞擊地球，引發地震海嘯，給地球帶來了寒冷的冰川世紀，有時幾年甚至幾十年的時間，地球上都沒有陽光，在一片黑暗中，食物鏈終於崩潰了，許多物種包括當時地球的統治者恐龍，都相繼滅絕了。就在這種黑暗的地球末日中，恐龍的近親：鱷魚，卻奇跡般地頑強存活下來。那麼鱷魚有什麼獨特本領，能在最惡劣的環境中生存下來呢？

投資者應去領悟 鱷魚生存的智慧

鱷魚捕獵有2種方式，一種是釣魚式的埋伏狩獵，他們守候在獵物經常出現的地方，長期埋伏，甚至數周數月一動不動，耐心等到獵物的來臨，但牠絕對不是傻等，眼睛始終在觀察周圍的動靜，只有當獵物距離足夠近，才發起突然進攻，一絕拿下獵物。我們投資的時候，發現了理想的股票，不是立刻買入，而是無比耐心地等待最佳的買入時機，買入最容易立刻獲利的局面。我們必須耐心地等待最佳買入時機。

鱷魚另外一種捕獵方式就是守株待兔式：每年一次伏擊渡河的角馬。每年的春季，鱷魚都在角馬群必經的河口，耐心等待他們的到來，很類似守株待兔，但是這個兔子肯定要來撞樹的。這類似做周期性的投資，例如船運，礦產，貴金屬，大宗商品的投資，每年都有1次機會，我們僅僅需要鱷魚的耐心即可。每次把握到機會，就可以大吃一頓，然後休息娛樂一番。

投資要培養以靜制動的能耐

以上的投資方式很有意思，叫做鱷魚式投資方法。投資有時需要學習鱷魚，懂得用潛伏來等待機會。有時停3～6個月，等看清形勢再說也未必是壞事。投資者在股市的冰川世紀中，應該學習鱷魚的以靜制動，以不變應萬變的策略。在弱市的大多數時間裡保留資金、養精蓄銳，一旦認準目標，便精心選擇時機，進行有效攻擊，做到不攻則已，一擊必中。

投資者還要具備鱷魚般的理性，尊重市場規律，不要去追尋超過自己操作能力的贏利目標，在市場的整體趨勢沒有產生根本性扭轉以前，投資者盡量以中短線的波段操作為主，當帳面上已經出現一定的贏利時，要及時的獲利了結、落袋為安。

股市中的冰川世紀也同樣會使部分虧損嚴重的投資者黯然退出，所以，當股市處於不利的環境下時，投資者首要考慮的不是如何贏利，而是要學習鱷魚的生存之道，重點考慮如何保存資金，在弱市中能生存下來。

贏多輸少有竅門
4個面對投資風險的態度

如果你剛剛開始投資,很難叫你完全不去冒險,因為你處於饑餓的過程,所以你的風險胃口必然是要比較高。這個也不一定是一個錯的想法,不過關鍵要在於你知道在冒一些什麼樣的風險。風險對很多人來說好似黑暗騎士,帶來的只是恐懼與災難;但投資中,風險總和收益相伴相生,如果沒有合理的風險,高收益亦無法獲得。所以對待風險,我們需要的不是排斥和遠離,而是冷靜客觀地看待、控制和利用。

1　別相信天上會掉餡餅

永遠別相信找上門的簡單暴利。馬多夫醜聞揭發前,據說馬多夫的投資人每月可以得到1%～2%的穩定回報。12%～24%的穩定年收益,這在美國簡直是天方夜譚,但很多投資人就是因為迷信了私密空間、名人頭銜而中了圈套。這類「龐氏騙局」屢試不爽,一定要避免落入類似圈套,對「天上掉餡餅」的賺錢術,永遠不需要去靠近。

2　只做自己了解的投資

賺錢的方式有很多種,但不是每種都適合自己。對大額投資,應該集中於自己熟悉的領域。我認識某商會副會長,一直做金融,幾年前曾和我提起準備投資礦產,利潤很高。

等兩年後再問她時，她說最後沒有投，因為其中涉及當地政府關係、開採安全、市場銷售諸多問題，也不知水深水淺，於是決定放棄。她的態度非常值得我們借鑒，不能被高利潤誘惑，「了解」和「熟悉」是控制風險的好辦法。

3　有充足的信息和思考時間

如果你要投資股票，就要開始認識PE。找出一家有高收益及優質PE的企業背後，其實是嚴密的投資流程。從表面上看，有些機構投資者，常常會幾小時之內就確定把錢投給某家企業，其實背後已對其行業的深刻理解，大量的盡職調查，有時甚至聘請專業咨詢公司，搜集目標公司的背景資料。

馬多夫在東窗事發前，故意營造私密空間，制定特殊遊戲規則，如果有投資者問得太多，馬多夫會請他離開遊戲。而富人往往礙於面子，不願被逐，所以通過這些手段，馬多夫成功阻止了很多想了解真相的人。「先了解，再投資」的程序可能會讓人失去些買便宜貨的機會，但能保證不犯錯。

4　跟著感覺走或懂得放棄

也許你在調查和思考後，仍然在投資時下不了決心，因為最後你會發現正反兩面的因素都在影響你。如果你是個相對有經驗的人，往往可以選擇跟著感覺走。但如果你覺得自己經驗可能不足，很難判斷，只是難以抗拒潛在利潤誘惑的話，放棄也不失為一種好的選擇。投資就像沖浪，錯過一個浪頭總還有下一個，重要的是不要被任何一個浪頭卷走。

耶魯大學的財富5分法教你

規避損失就等於賺到收益

許多人在進行個人理財或投資的過程中，只考慮如何獲得收益，但不注意控制風險，沒有做規避風險、避免損失的措施和應對危機的計劃，一旦有意外情況發生，就會陷入被動。其實，規避風險與損失就等於賺到收益。我們進行投資，不管是家庭理財，還是創業投資，目的都是為了獲得收益。但是在有些情況下獲得的收益可能低於自己的預期，甚至連成本也沒有收回來。這是因為我們沒能在投資的過程中避開市場上存在的風險。

掌握必要的理財知識

做任何投資，沒有專業的知識做基礎，你是不會贏得利潤的。想做投資，先去掌握最基本投資方面的知識和你要投資的那個項目的知識。有這樣一則笑話：一位第一次坐飛機去大城市出差的小村長，在飛機上口渴了很久，卻找不到水喝。

這時候他看到前排坐了一只鸚鵡，牠竟然指揮空姐給牠端茶倒水。鸚鵡的態度十分驕橫跋扈，空姐卻窩著火敢怒不敢言。村長心想，一只鸚鵡都可以如此，所以自己也像鸚鵡一樣開始對空姐呼喝起來。

終於，溫文爾雅的空中小姐被逼成了潑婦，打開艙門把鸚鵡和村長一起扔了出去。村長正在無奈墜落的時候，鸚鵡飛到了村長耳邊問道：「會飛嗎？」村長搖搖頭。鸚鵡怒斥：「唔識飛都咁串？」這雖然是個笑話，卻傳達給我們這樣一個信息，就是沒有知識和實力做基礎，就趁早別做投資。否則市場就會像那個被逼成潑婦的空姐一樣，將沒有翅膀的你扔出窗外。

在進行個人理財或投資的過程中，一定要注意嚴格地控制風險，規避損失就等於賺到收益。這就像足球比賽一樣，先立足於防守，再圖謀進攻。先防守就是先使自己處於不敗之地。做投資也是這樣，先想到可能遇到的風險和遭受的損失，並進一步去規避風險和損失，然後才是謀求利潤。

當心雞蛋被放在同一個籃子裡

投資中一個重要的原則就是：別把雞蛋放在同一個籃子裡。分散投資就是分散風險；如果你分別投資了股票和房地產，那麼二者中有一個行情急轉直下，對你造成的損失都不會那麼大；如果你只集中投資了兩者中的一　個，那麼一旦你所投資的股票市場或者房地產市場出現風險，都有可能讓你血本無歸。

Ms Lee是某中學的教師，收入比較穩定，突然她將自己的存款全部拿出來買股票。開戶後，Ms Lee到處向人打聽那隻股票好、那隻可以買等等。她的一個朋友為她提供了一個小道消息，說一家上市公司有利好傳聞，近期股價會出現急升。Ms Lee信了，並買入了一些。開始兩天，這隻股票漲勢非常喜人，Ms Lee大喜。為了不踏空這一波行情，她將自己全部的存款放在了這一隻股票上。

誰知三天後，這家公司又傳來了利空，據說公司的帳務存在虛報，已被立案偵查，公司也被停牌。復牌後這隻股票開盤即跌停，連續幾天無人接盤，不僅Ms Lee前兩天的獲利全吐了回去，本錢也損失了一少半，被深度套牢，看著股價一個勁地下跌，Ms Lee心痛不已。Ms Lee忘記了理財最重要的一句話：「不要把雞蛋放在一個籃子裡。」不管是誰，在投資理財的過程中，不要輕信他人，不要盲目跟隨市場。分散投資風險，才有可能獲得利潤。

耶魯大學的財富五分法
牛市輪流轉收益日不落

多年前，美國經濟學家經過數據分析得出結論：91.5％的獲利來自理想的資產配置。何為資產配置？就是把資產分配到不同類別的投資品當中，憑借組合的力量獲得收益。耶魯大學財富5分法，縱橫於股票、債券、現金、房地產和商品，頗值得投資者借鑒。

投資≠買股票

談投資理財，絕大部分投資者都會進行以下操作：買股票、買基金、買銀行理財產品、買保險等等。不過，買銀行理財產品、投連險，說到底，都是在買股票。據海外機構統計，發達國家的股市，其向下調整的空間可達歷史最大波段漲幅的20％～40％。至於新興國家股市，向下調整的比例可達最大波段漲幅的30％～70％。因此可見，股市的波動比想象中更厲害。此時，如果投資者簡單瞄準高回報，把資產全部配置在股票上，一旦從巔峰跌落，損失將十分慘重，再想回本，難度就大大增加。這裡可以算一筆賬：股票損失20％時，需要上漲25％才能彌補損失。當損失達到50％時，就要獲得100％的收益才能回到原點。如果虧損了70％，則要獲取200％以上的收益，這簡直是不可能完成的任務。那麼，如何更好地規避風險呢？還得分散投資。如果把一半資金投入股市，一半投入其他市場，即便股市下跌40％，投資者的總損失只有20％。

創造永遠的牛市

有投資者詢問，在股票、債券、現金、房地產、商品這五類資產中，投那一類最容易達到投資目標？專業機構的答案是：五類資產兼有為上策。投資者可以通過選擇投資風險較保守的基金或風險較低的資產類別，分散投資，增持關聯度較小的投資品種，降低整個投資組合的風險。至於具體的配置思路，不得不提到耶魯大學的財富5分法。

美國耶魯大學是全球知名的大學，其學界地位早就得到認可，而耶魯投資的基金組合同樣為投資界稱道。這個基金組合中，有不同類別的資產。其中，美國股票佔30％，海外股票15％，新興市場（包括中國、印度等）股票5％，房地產20％，國債30％。在相當的一段時間裡，該投資組合的80％ 資產回報是靠資產配置產生的，只有20％是憑股票投資獲取的。這在海外投資理財界被視為一個驚人的成果。

單純知道這5類資產還不夠，還要了解每一種資產的比例。由於每一年所處的經濟周期不同，5大資產類別的表現也不相同。從全球看，1998年、1999 年股票的回報最高，到了2005年、2006年、2007年，卻是房地產拔得頭籌。而2002年、2003年和2004年，商品指數的回報最高。古人雲「風水輪流轉」，就是這個道理。之所以要進行多元化投資，就是要避免單一資產的波動，避免今天的贏家成為明天的輸家，而是用配置打敗投機。

由於這5大投資標的相關性較弱，如果能根據經濟狀況靈活配置5類資產的比例，就有可能讓資產大多處於「牛市」的市場中。當然，這裡所說的股票、房產、國債和商品，也存在著國家、市場的選擇問題。結論就是：「耶魯」模式，是力圖永遠騎在「大牛」身上的投資，讓投資的收益「太陽永不落」。

那麼，如何進行資產搭配、把握5類資產在未來的牛熊走勢呢？專家認為，首先要有分散投資的意識，不要在一個市場、一類資產上「吊死」。畢竟，對大多數投資人來說，理財目的是讓家庭財產穩健地保值、升值，沒必要冒著雞飛蛋打的高風險博一個高回報。

在不同經濟周期進行五分法操作參考
復甦時：60％股票+20％債券+ 0％現金+15％商品+5％房地產；
過熱時：35％股票+30％債券+10％現金+20％商品+5％房地產；
滯脹時：25％股票+30％債券+20％現金+20％商品+5％房地產；
衰退時：35％股票+50％債券+10％現金+ 0％商品+5％房地產；
中立時：35％股票+40％債券+10％現金+10％商品+5％房地產。

就像一朵梅花有5朵花瓣，「耶魯5分法」同樣是5片花瓣，讓資產和諧成長，其投資思路頗值得借鑒。因此，無論投資者對市場走勢的看法如何，都應做好風險控制的部署。在5至10年的時間裡，應該能見到資產配置戰勝單一投資的效果。

100減現時歲數
等於穩健股票投資比例

我表弟30頭，大學畢業，扣除強積金後，月入只得$18,500蚊，每月個人支出約$9,000（包括俾家用），其餘則儲起或作保險支出。現在他有股票投資約$25萬元，及人民幣定期存款$10萬元。他問我：「其實一個人，應該有多少資產是股票？」其實我表弟的財政狀況良好，儲蓄能力亦屬上佳水平，應好好運用盈餘以取得更大回報。論投資，最重要的是先評估自己的風險承受程度，從而決定資產配置的百分比。不過也有一個簡單的方法，那就是「100減現時歲數」，所得的結果，便是應該投資於股票的比例。以我表弟為例，即100-34歲=66％。所以我表弟應投資在股票市場66％，其餘的，就應投放在一些穩健的工具，以得到長遠的資本增值。

30歲和70歲 投資方法肯定不同

這理論的理念是愈年輕，可以承受的風險愈大，而愈年長投資便應愈穩健，所以傾向投資在債券或定期。當你70歲時，投資在股票的百分比便是100-70歲=30％，到時的投資是以收債息或定期（70％）為主，股票（30％）為次，萬一跌市，都冇有怕，最多慳D駛。

月供基金 vs 月供股票

大家可能冇我表弟咁爽，已幾十萬投資，不過，各有前因莫羨人，他也是儲了多年錢捱出來的。如果你一時間冇咁多錢，又想提早參與投資，你可以考慮一下月供基金或月供股票。月供基金計劃可透過銀行、基金公司及保險公司安排；相比月供股票，最大的好處是可以選擇不同行業或貨幣，作國際化的分散投資。不過，首次認購費亦較高，由3～5％不等。

透過以上兩種方法，可將資產逐步轉移，亦不需捕捉市場的高低位，適合工作繁忙的香港人。不過，你需按本身年齡、生活各方面的變化，每年定期檢討，審視資產的分配。不同的投資工具有不同的特性，包括年期、回報及風險。銀行存款等工具因為提供了彈性，故犧牲了回報；投資在股市及債市，長遠則有利抗衡通脹。月供基金相對手續費貴，亦不及月供股票具靈活性。如果你每個月最多只可抽$1,000投資，月供相對地保本穩健的大藍籌股票也是個選擇。

筆記欄

每日1分鐘
篩選潛力股

選中股票賺大錢

如何比較同類股票？

投資股票的成功祕訣，是選到好的股票。該如何選股票？答案其實很簡單，投資專家都會告訴你，應該選擇最近經營績效優越，未來業務成長看好的股票。問題是，根據這項金科玉律去投資股票的人，經常慘遭賠錢的命運。

原因是，當我們知道某一家公司的經營績效卓越，且未來前途看好時，幾乎可以篤定，這家公司的股價已經漲到很貴的價位，這時再競相買進，未來只要這家公司經營上稍有不順，股價就會慘跌。因此，正確的選股原則是，要買前途看好的好公司，更重要的是，要買在便宜的價位。

在什麼情況下，好公司會出現便宜的價位？通常在兩種情況會發生，一、股市暴跌期間，即使是大家公認的好股票，也乏人問津；二、經營績效卓越且未來前途看好，卻沒有人注意到，且未被發覺時。

要投資到好且便宜的股票，要有下列幾個條件：第一、你要具備判斷公司經營績效以及未來前景的能力；第二、要在股市暴跌，大家無心於股票時，你要特別認真研究；第三、要在報章雜誌未報導，且證券公司研究員未拜訪過這家公司之前，你就已早先一步找到這家公司，並做過深入研究。

股票篩選器

上市公司咁多，唔好話冇經驗；有經驗有時都唔知邊隻真係好。其實如果是同一個行業的股價，大家可以從股價、息率、市值及市盈率的高低作進一步的比較，看看那一隻股價的值搏率高一點。

代號	股票名稱	現價	市盈率	息率	市值
0005	匯豐控股	73.450	13.73	5.31%	1.50兆
0011	恆生銀行	156.400	19.79	3.58%	2,974.50億
0023	東亞銀行	34.750	12.78	3.19%	924.50億
0440	大新金融	57.65	10.96	2.16%	195.70億
0626	大眾金融控股	4.040	11.60	3.94%	44.60億
0939	建設銀行	7.76	6.72	4.91%	1.80兆

所謂市盈率，是會計財務學上的一個比率，是以股價除以每股盈利而得出來。市盈率是反映股票抵唔抵買的指標，市盈率越低表示越抵買。或者，再簡單一點說，這個比率就等於回本期。若某股的市盈率為20倍，即表示投資者須持有該股約二十年，才有機會完全回本。從上表裡，匯豐控股和建設銀行的市值相約，大家的息率又相約；不過從市盈率去分析，建設銀行就相對地抵買一點。當然，選股又不可以單純地睇市盈率，以後的篇幅會詳解。

有很多網站都有股票篩選器，只要你輸入市盈率的數字，所屬範圍的股票就會列出來，不用自己找，非常方便。大家可以試下Google財經中的工具，用起來都幾方便快捷。http://www.google.com.hk/finance/stockscreener

89

初哥由龍頭開始

雖然市盈率越低表示股票越抵買；但作為初哥的話，就要睇埋市值，最好先不要選市值低的細價股。如果你投資經驗不多，可以先買行業的龍頭。「買股要買龍頭股」，這是傳統智慧與現代投資理論的結晶。能夠成為龍頭股，本身已證明其在行內的競爭力，這可以是產品、管理能力，又或多項因素的結合，龍頭本身就是綜合實力的反映。若投資者看好某一行業的前景，龍頭股就是自然的選擇。龍頭股特別適合又怕死又想博的人，畢竟龍頭的市場地位可以令投資安心，而行業興旺亦可以博取好過大市的回報。

比賺錢更重要的事

與賺錢同樣重要的是「回避風險」。在股票市場中，賺錢其實並不難，難的是如何保住你的利潤。假如你判斷錯了行情，認為某一個板塊會整體啟動，但實際上這個板塊的行情卻轉淡，而如果你買到的是這個板塊中的龍頭股，那就不會有太大損失。

比如大盤從32000點跌至17000點，我們不可能在31000點剛剛下跌的時候就知道大盤要跌到17000點才是底部。可能跌到28000點、25000點的時候大家就覺得是底部了，如果你在這樣地出手抄底，無疑會損失慘重。但是，如果你抄底時買到的是龍頭股，那麼在大盤再次下跌的時候，你會有足夠的時間或利潤空間全身而退，可以最大限度地回避風險。

買龍頭股的最大好處，其實就是在你看不清市場方向的時候，即使錯了也會有足夠的退出時間。一旦市場到了真正的底部，你亦不會錯失機會，因為龍頭股通常會帶頭先反彈。

先選最賺錢的行業　再選行業中的龍頭

之前的篇幅講過，炒股最緊要跟走勢，入市前當然最好選大市當紅的龍頭行業，找出升市中的龍頭行業，再在龍頭行業中選龍頭股，雙龍出海就勝算高一籌。點樣可以找到大市中的當紅龍頭行業？市面上有很多軟件會幫到你，你亦可以利用很多免費網站提供的資訊，如經濟通 http://www.etnet.com.hk。

在經濟通網站中，有一項叫行業綜觀，Click入去便見到各行各業的股票升跌走勢。http://www.etnet.com.hk/www/tc/stocks/industry_adu.php

找到升跌走勢這一頁後，Click入你想看的行業分類，你便看到在該行中的股票升跌，在裡面你會找到股票的成交金額、市值和市盈率，從中便幫到你選龍頭股。

龍頭股挑選法

要尋找同板塊中的龍頭股，不只是看它的股本大小，也不只是看它的市值大小，還要看它的市場佔有率達到多少，最好能壟斷，沒有誰能跟它競爭，而且產能不斷擴大，產品符合當前經濟發展的需要和未來前景廣闊，附加值不斷提高的公司。

1 看這個板塊中市值最大的是那隻

2 看這個板塊中那一隻交易最活躍、和對市場的綜合影響能力最大。

3 看該公司在該行業中的實力和後勁，是不是有很好的發展前景。

市盈率(PE)選抵買股票指標

你之前有聽說過市盈率這個名詞嗎?市盈率的英文是 Price to Earnings ratio 或 P/E ratio 是指公司當時股價與每股盈利的比率,是用來衡量市場績效表現。它可以通過如下計算公式求得。

市盈率 (P/E) =
每股市價(Price per share) ÷ 每股盈利(Earnings Per Share)

什麼是市盈率?

市盈率是衡量股價高低和企業盈利能力的一個重要指標。由於市盈率把股價和企業盈利能力結合起來,其水平高低更真實地反映了股票價格的高低。例如,股價同為50元的兩隻股票,其每股收益分別為5元和1元,則其市盈率分別是10倍和50倍,也就是說其當前的實際價格水平相差5倍。若企業盈利能力不變,這說明投資者以同樣50元價格購買的兩種股票,要分別在10年和50年以後才能從企業盈利中收回投資。但是,由於企業的盈利能力是會不斷改變的,投資者購買股票更看重企業的未來。因此,一些發展前景很好的公司即使當前的市盈率較高,投資者也願意去購買。

市盈率不是越低越好 還是睇利潤增長率

預期利潤增長率高的公司,其股票的市盈率也會比較高。例如,對兩家上年每股盈利同為1元的公司來講,如果A公司今後每年保持20%的利潤增長率,B公司每年只能保持10%的增長率,那麼到第十年時A公司的每股盈利將達到$6.2元,B公司只有$2.6元,因此A公司當前的市盈率必然應當高於B公司。投資者若以同樣價格購買這家公司股票,對A公司的投資能更早地收回。

怎麼樣分析市盈率？

理論上來說，一隻股票的市盈率告訴我們投資者願意出多少錢來購買每一塊錢的稅後盈餘。所以說，市盈率也被稱之為一隻股票的倍數。換句話說，20的市盈率就表示投資者願意花20元來購買公司所創造的每一元盈利。但是，這只是對市盈率一個極其簡單的理解。

市盈率更多的是體現一個公司過去的成績或者表現。當然，也會考慮到一間公司成長性的市場期望。記住，股票價格反映投資者眼中公司的價值。當然，股票價格也會反映公司將來的成長性。所以說，市盈率反映的是市場對於一個公司成長前景的看法是否樂觀，這才是對市盈率一個比較好的理解。如果一間公司的市盈率高於市場或者整個行業的平均水準，這就說明在接下來的幾個月或者幾年裡，市場預期會有重大事件發生。高市盈率的公司最後要生存下來必須要通過大量增加盈利或者降低股價。

相比起市場價格本身，對於股票的評估，市盈率絕對是一個更好的參照率。比如說，在所有條件不變的情況下，一個市盈率為75，而股價為10元的股票肯定是比市盈率僅為20但價格為100元的股票來得貴。不過，這個比較是在所有條件不變的情況下才有支持，因為如果不同的行業，有不同的營運收支，好難講怎樣才算是平和貴。這也就是說，這種分析方法是有限制的，對於兩個不同的行業，你不能單單只是比較市盈率而決定誰更有價值。

比如說，公用事業行業是一個增長率較低並且相對穩定的行業；而科技行業就擁有極高的增長率，而且不斷地在變化。如果比較一間科技公司和公共事業公司的市盈率，那是毫無意義的。這就好像在愛情片和科幻片當中選最佳導演，一點也不公平。

記住，股票價格反映投資者眼中公司的價值。當然，股票價格也會反映公司將來的成長性。所以說，市盈率反映的是市場對於一間公司成長前景的看法是否樂觀，這才是對市盈率一個比較好的理解。

如果一間公司的市盈率高於市場或者整個行業的平均水準，這就說明在接下來的幾個月或者幾年裡，市場預期會有重大事件發生。高市盈率的公司最後要生存下來必須要通過大量增加盈利或者降低股價。

市盈率	股價評估參考
0-13	即價值被低估，或在合理水平，可以考慮入市
14-20	即正常水平，看基本面找到好公司便可以考慮入市
21-29	即價值被高估，炒作成份開以出現
29+	反映股市出現投機性泡沫，唔想輸錢就要小心

4 招善用市盈率要訣

1 股價走勢

如果往績每股盈利不變，股價的升勢將直接刺激市盈率上升。換句話說，市盈率升跌與股價供求是有關的。舉個例，在十幾年前，中國光大控股牛市期間，在人為炒作下，其市盈率曾高達1000倍以上，即回本期需一千年以上，股價升幅可謂已與其基本因素脫鈎，追買或持有該股的風險可想而知。

2 每股盈利的增長走勢

了解往績每股盈利增長的好處，就是認清該公司的經營往績如何，若每股盈利反覆無常，時好時壞，即使該公司的最新往績每股盈利錄得佳績，往績市盈率被拉低，但並不等於其市盈率可持續維持於較低水平。

3 宜先考慮大市氣氛

市盈率把股價和利潤連繫起來，反映了企業的近期表現。如果股價上升，但利潤沒有變化，甚至下降，則市盈率將會上升。大牛市時，二、三十倍市盈率的股票，也有很多人追捧，原因是市場資金太多，而投資者購買股票很多時與股票的基本因素無關。相反，若處熊市時，即使市盈率不足十倍，該股亦未必吸引到投資者購買，因市盈率之所以偏低，或與股價大跌有關。

4 宜先與同類股票的市盈率比較　不同行業的回報率和投資風險都不一，所以各類股票的合理市盈率亦不同。

最常用的趨勢判別指標

移動平均線 (Moving Average)

移動平均線的英文是 Moving Average 或簡寫 MA，是一種最基本而又有效的趨勢判別指標。移動平均線的理念是將過往某段時間內的收市價相加，計算其平均數，如是者每日計算，串連起來，形成一條線狀附於圖表上，用作走勢分析。這一條線便稱之為「移動平均線 (MA)」。移動平均線發出的指標是整體性的趨向，其作用是十分重要。投資者可透過移動平均線去推論整體做價的走勢是升、是跌、還是牛皮。這種趨勢指標對每一位投資者而言至為關鍵，因為投資的目標是為了增加利潤，推測是升市時，可以買入；是跌市時，當然不會買入，甚至可以沽出。

利用移動平均線去分析，好少只睇一條，基本上要有得比較。投資者亦可利用價位上破或下破移動平均線作為入市買賣的訊號。當股價由升轉跌，而跌破移動平均線時，是沽貨訊號；當股價由跌轉升，而升破移動平均線時，則是入貨訊號。移動平均線的理論，日子越短的移動平均線，有利於分析短期走勢；相反，日子越長的移動平均線，則較有利於推測較長遠的走勢。咁多款移動平均線，大家可能記到頭都暈，所以接下來便為大家準備了一個簡表，好讓大家查閱起來能得心應手。

移動平均線以日數來區分，最常用的有 10 天移動平均線、20 天移動平均線、50 天移動平均線、100 天移動平均線和 250 天移動平均線。當然亦有個別投資者用其他日數來分析；不過坊間所提供資訊的都以 10、20、50、100 和 250 為多，其他的日子，就相對地較少人用。如果你有網上股票，這些指數可以很較易獲得。

不同日子的移動平均線，有不同意義。從長線來看，250 日移動平均線一直被業界視為牛、熊市的分水嶺。如恆生指數在 250 日線上，基本上市場仍被看為牛市，若在 250 日線之下，則大市便可能進入熊市。相對 250 日線較短的 50 日移動平均線，其分析方法是當 50 日平均線上破 250 日線時，代表大市有機會上升(如果不和恆生指數比較，而單看個股的50 日平均線上破 250 日線時，則代表股價有上升動力)；而在 50 日平均線下破 250 日線時，則大市便有機會下跌。50 日與 250 日移動平均線的分析方法有多人用，當兩線相交之處，稱之為「黃金交叉點」(Golden Cross)，確定了上升的大趨勢開始。

論到短期的移動平均線，一般大家會留意 10、20 天移動平均線。當 10 天移動平均線上破20 天移動平均線上破時，便為買入訊號。相反，當10 天移動平均線下破 20 天移動平均線時，則為沽出訊號。

移動平均線走勢訊號簡表

移動平均線形勢	走勢訊號分析
10 天移動平均線上破 20 天移動平均線	代表股價走勢向上，有潛力再推上，是好的買入訊號
10 天移動平均線下破 20 天移動平均線	20 天來講，對短炒的投資者來說，已經是中線，見到10 天線插向下，仲要下破 20 天線，短期內多數冇運行，是沽貨的訊號。
50 天移動平均線上破 250 天移動平均線	絕對好兆，這代表了股市步向強勢的開始
50 天移動平均線下破 250 天移動平均線	有貨係手就要小心；如果冇貨就留意撈底機會，因為這個形勢，股價會偏弱，長期跌浪便會開始。
250 天移動平均線	250 天移動平均線，一直被業界視為牛、熊市的分水嶺，一旦失守，熊市的憂慮便迅速蔓延。外國投資機構非常看重 250天這條長期移動平均線，以此作為長期投資的依據。以每周 5 個交易日計算，扣除假期，250 天線就是股價 1 年的平均水平。250天平均線＝(當日收市價+前249日收市價)÷250
黃金交叉點	短期移動平均線超越長期移動平均線的狀態，出現這一狀態，即意味著將有攀高的可能。一般來說，當短期移動平均線從下向上穿過長期移動平均線時，短期移動平均線與長期移動平均線的交叉點就是黃金交叉點，出現黃金交叉點表明後市力量較強，股票價格還有一段上漲空間，此時正是買入股票的好時機
死亡交叉點	死亡交叉是指下降中的短期移動平均線由上而下穿過下降的長期移動平均線，這個時候支撐線被向下突破，表示股價將繼續下落，行情看跌。

移動平均線圖例參考

中渝置地(01224)股價及移動平均線

10天移動平均線一直在20天移動平均線下面,那時股價都一路向下插。直至六月打後,10天移動平均線上破20天移動平均線,那個交叉點出現後,股價便往上升。

這不是個股的移動平均線,而是恆生指數的移動平均線,不過原理也是一樣。你可以透過這移動平均線來預測大市。10天移動平均線一直在20天移動平均線下面,直至六月打後,10天移動平均線上破20天移動平均線,那個交叉點出現後,大市便出現反彈。

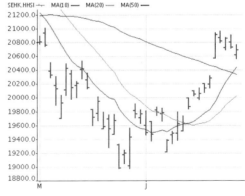

移動平均線特性

1. 移動平均線的斜度越高表示市勢上升或下跌的速度越急。
2. 移動平均線的斜度越低表示市勢上升或下跌的速度越慢。
3. 移動平均線橫向發展,市價在其上下擺動,表示市場並無趨勢出現,亦即是所謂「牛皮」。
4. 對於使用較長日數的移動平均線而言,平均線見頂回落或見底回升,都是意味著轉勢。

運用移動平均線測市

要特別注意的地方

移動平均線(Moving Average)是價位趨勢的主要指標,大家都應該成日都聽到股評家提及。在技術分析的領域裡,佔重要的一環。由於世界上並無一種分析指標是十全十美的,因此,移動平均線(Moving Average)也有些盲點。

① 後於大市

移動平均線(Moving Average)所發出的轉勢訊號,是在見頂後才發出的。要待見頂後,第一個下跌浪結束時,訊號才出現。當見到訊號沽貨時,市況有可能出現反彈。

② 提供的入市訊息太少

由於移動平均線是跟隨趨勢指標,而一年的大趨勢只有兩、三個,一旦失去入市機會,移動平均線便難再提供入市訊號,此乃指長線的投資者。如使用短線的移動平均線,則入市買賣的訊號乃很頻密,所以單靠一個指標未能作準,最好配合其他指標一起分析。

③ 難以估計市場升跌的阻力及支持

雖然不少投資者用長短線的移動平均線作為支持和阻力位,但當一個上升大趨勢出現後,長短線移動平均線通常都會落後於價位,因此,只能得到支持位,而無法評估阻力位。

同樣地在中線投資的預測中，亦難以捕捉中期浪頂，因為在上升趨勢中，移動平均線只可用作價位回落的支持線，但無法滿足中線投資者捕捉中期浪頂的要求。

4 計算方法中成交量未包括在內

移動平均線的計算方式並沒有包括成交量在內，然而股價上升或下跌時，必須與成交量互相配合，才能作準。移動平均線的應用，通常在成交量較大的股票會較為準確。

兩條平均線走天涯

縱使運用移動平均線去預測後市，未必一定是百分百準確，這亦是其他分析指標的共同缺陷。但是在整體而言，移動平均線所發出的訊號是比較準確和值得信賴。所以，雖然有缺點，但它仍然是優多於劣的重要分析工具，是投資者值得採用的有效指標。有位職業炒家的朋友，以短線為主，中長線為副；短線策略以恆指的 5 天線及 10 天線為參考，當恆指收市前升穿 5 天線但低於 10 天線時，持股倉位可以維持在 15-30%；如果恆指在收市前能高於 10 天線時，持倉繼續增加至 50% 或以上。聽落去，分析的方法好簡單，難免令人欠缺信心，不過人就是這樣奇怪，總覺得複雜或昂貴的才是好東西。咩方法都好，總之找到自己的一套也未嘗唔係一件好事。不管用咩方法分析都好，散戶持倉多寡，會影響判斷能力，當市況突然大上大落的時候，好容易因為本身滿倉或空倉造成判斷盲點，未能冷靜地觀念市況，很容易過份樂觀或過份悲觀，而且散戶的致命傷是心理素質欠佳，所以好好控制持倉是其中一個致勝的要訣。

RSI 相對強弱指數

找出撈底入貨時機

如果你相信股票和供求有關，那你就要知道什麼是相對強弱指數 (RSI)。RSI的英文全寫為Relative Strength Index，是用作研究股票強弱，觀察股票超買或超賣現象的預測工具。當你發現個個都賣出某隻股票時，因為羊群心理，嚇一嚇又會多一批人拋售，利用RSI這個指標，就可以睇到什麼時候係超賣。正所謂人棄我取，叫得「超賣」，股價反彈的時候就不遠矣。一般來說，分析人員會選用9 RSI和14 RSI，而9和14是代表分析的日數，這些指數，在很多免費查股票的網站都可以找到。RSI值將0到100之間分成了從「極弱」、「弱」、「強」到「極強」四個區域。「強」和「弱」以50作為分界線，但「極弱」和「弱」之間以及「強」和「極強」之間的界限則要隨著 RSI 參數的變化而變化。

不同的參數，其區域的劃分就不同。一般而言，參數越大，分界線離中心線50就越近，離100和0就越遠。不過一般都應落在15、30到70、85的區間內。RSI值如果超過50，表明市場進入強市，但是如果繼續進入「極強」區，就要考慮物極必反，準備賣出了。同理RSI值在50以下也是如此，如果進入了「極弱」區，則表示超賣，應該伺機買入。

RSI = 100-100 ÷ (1+RS)

RS = 股價收市價上漲平均值(於指定日數的範圍內)

÷ 股價收市價下跌平均值(於指定日數的範圍內)

RSI（相對強弱指數）出入市訊號

雖然 RSI 數值越大代表買方力道越強，但強弩之末總會衰竭，因此當 RSI 大到某一程度時通常開始代表超買現象，需注意反轉。同理，當 RSI 低到某一程度時，通常代表市場出現非理性的賣超現象，表示底部區已近。大家入市前可以參考以下簡表：

RSI相對強弱指數	指數對應意義
10-30	30以下代表超賣，股價有機會反彈，可以乘低位找機會入市。
50	好友淡友五五波，應該睇定D才作決定買賣方向。
80或以上	一般以70以上已經開始有超買的現象，如果去到80以上，該股短線向下 的機會大，如果你持有的是龍頭股，還可以睇定D，如果係細價二三線股，先沽出為上策。

RSI圖表分析

可由 RSI 所形成的 W 底或 M 頭等型態來作為買賣依據。由於 RSI 為一敏感的指標，因此可以當作移動平均線來運用，以 RSI 線是否突破或跌破 RSI 平均線來作分析。

中國海洋石油 （0883）

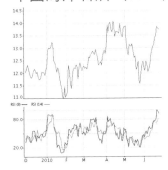

上圖為股價，下圖為RSI指數。當RSI曲線在高位區或低位區形成了頭肩形或多重頂(底)的形態時，可以考慮進行買賣操作。這些形態出現的位置離50中軸線越遠，信號的可信度就越高，出錯的可能性也就越小。當RSI向上突破RSI均線時，則為買進訊號；而RSI跌破RSI均線時，則為賣出訊號。

你一定要知道的成交量啟示

買股票要贏，最緊要係個價入得靚，預測到股價趨勢就自然賺錢。什麼是股價趨勢？簡單地說，股價趨勢就是股票市場價格運動的方向，所以要「順勢而為」，不要「逆勢而動」。倘若在上升趨勢時沽貨，在下降趨勢中入市，就會造成巨大的損失。因此，股價趨勢是投資者必須認識和掌握的基礎知識。成交量作為價格形態的確認，如果沒有成交量的確認，價格形態是虛的，其可靠性也要差一些。接下來就教大家從成交量中捕捉最好的入市時機。

成交量是股價的先行指標

在財經新聞節目或報章上，日日都會提到成交量及成交額這兩組重要的數據，雖然這兩組數據都可用作反映投資者對某股份後市之反應，不過兩者所代表的資料則截然不同，由於成交額相等於股價乘以成交量，在成交量不變下，成交額亦有可能會隨股價上升而增加，又或者是在股價回落時，成交量同時增大，引致成交額增加，在以上兩個成交額同樣增加的情況下，背後所隱藏的啟示完全不同。作為投資者，在入市時，你不可以只單看成交額而忽略股價及成交量。成交量是股價的先行指標。一般說來，量是價的先行者，當成交量增加時，股價遲早會跟上來；當股價上漲而成交量不增加時，股價遲早會掉下來。從這個意義上可以說「價是虛的，只有量才是真實的」。

時間在進行行情判斷時，具有很重要的作用，一個已形成的趨勢在短時間內不會發生根本性的改變，中途出現反方向波動對原來的趨勢不會產生太大的影響。一個形成了的趨勢不可能永遠不變，經過了一定時間後，又會有新的趨勢出現。迴圈周期理論，著重關心的就是時間因素，其強調時間的重要性。空間從某種意義上可以認為是價格的一方面，指的是價格波動能夠達到的極限。

成交量異動你要知
在股價上升時的追沽策略

成交量增加　而股價上升

如果你發現成交量增加，而股價有上升趨勢時，這就表示，大部份投資者對後市極度看好，投資者會大舉入市，在供求關係下，股價受到眾多投資者所追捧，便會大幅上升，所以交投量亦會變得異常活躍，因為已持貨的人有錢賺會賣出套現；冇貨的人會追入寄望股價更上一層樓。

成交量不變　而股價上升

如果你發現成交量不變，而股價有上升趨勢時，這就表示，有部份投資者對後市仍然看好，但由於預期之升幅只屬一般，冇咩水位或消息可以炒上，部份投資者入市時會開始審慎，所以即使股價升勢仍然持續，不過成交量卻沒有上升。這個時候入市，就好睇個股本身的基本因素，及大市的走勢。

成交量減少　而股價上升

如果你發現成交量減少，但是股價卻向上升，這就表示，投資者預期升勢將會結束，大部份投資者之入市意慾會下降，因此即使股價繼續上升，但成交量仍會減少。一個星期開五日市，如果日日都係升，恆生指數幾年後咪要過十萬點？股票升得上去就一定會跌得落嚟，所有嘢都係講供求關係，冇人要的東西，就自然唔值錢啦！要在股市賺錢，一定學會捕捉個勢。

成交量異動你要知
在股價不變時的追沽策略

成交量增加 而股價不變

如果你發現成交量增加，但股價卻沒有大太的變化，這就表示，好友及淡友之勢力相若，相方即使持續入市，但仍未可以把股價改動，從供求關係去睇這也是好正常，好多人有貨放；但又好多人願意接貨，價錢又點會上？炒股就好像兩班人玩拔河一樣，只要其一方失利，趨勢便會逆轉。由於雙方在現水平已累積一定的交投，若股價出現突破性的走勢，後市波幅會擴大。

成交量不變 股價又不變

如果你發現成交量不變，不過股價同時又沒有什麼大變化時，這就表示，當好友及淡友之勢力相若，由於預期短期內出現突破的機會不大，所以成交量不會改變，在這種情況下，投資者亦很難預測後市方向。除非你好有把握，又或者勁多閒錢唔等駛，如果唔係都係睇定D好。正所謂炒股要炒強勢股，你都唔知個趨勢，不如敵不動我不動。

成交量減少 股價卻不變

如果你發現成交量減少，而股價又唔上又唔落，這就表示，當好友及淡友雙方在某一水平爭持多時後，雙方皆預期能佔優的機會不大時，成交量便會開始下降，所以當出現此種情況下，後市通常都會窄幅橫行。

成交量異動你要知
在股價下跌時的追沽策略

成交量增加　而股價下跌

如果你發現成交量增加，不過股價明顯下跌，這就表示，投資者預期股價會進一步下跌時，為了盡快進行止蝕，大部份投資者會大手沽出手持股票，若股價進一步下跌時，更會進一步增加成交量。如果股價向下跌破股價的移動平均線，同時出現較大成交量。這是股價有再一步下跌的信號，表明上升趨勢完全反轉，形成空頭市場。這種情況，在股災或大市調整時一定見到。

成交量不變　而股價下跌

如果你發現成交量不變，不過股價明顯下跌，這就表示，投資者預期股價未必在短期內出現反彈下，便會繼續沽出手上持有之股份，在想沽未沽的情況下，所以成交量未有大幅上升。不過，這個時候好敏感。有咩風吹草動，股價再下跌便會出現恐慌性賣盤，隨著日益擴大的成交量，股價又會大幅下跌。

成交量減少　而股價下跌

如果你發現成交量減少，不過股價明顯下跌，這就表示，當股價持續下跌時，投資者預期再下跌之空間已很少時，便會開始暫停沽出手持股票，希望待股價反彈後，才在較高的水平沽出，因此成交量會開始減少。當第二谷底的成交量低於第一谷底時，是股價上漲的信號。

教你睇成交量跟大戶上車

散戶每次入少少貨，成交量不會在短時間內見到異動；但當有大戶或基金入市，一次大大筆掃，成交量和成交額都自然會被扯上，你跟到就可能有著數。散戶又點先可以知道大蛇幾時痾尿？要捕捉這一剎那，就要先從學會睇大利市機的資料。

一般人用大利市機只是查價，其實你可以利用它，看買賣盤雙方的數量和排盤人數，去計算入貨或沽貨的最佳時機，絕對是有邏輯地推測股價走勢的方法。從「買入」和「賣出」這兩欄中，你便可以捉到先機。

在「買入」和「賣出」欄中，會烈明你準備入貨的股票價格在5個價位以內的買貨量和沽貨量，這樣你就可以估計到在短時間內股票的趨勢。一切都係供求關係的問題，假如你發現市場上勁多買盤，股價自然有機會突破阻力關口升上。

知道買賣盤雙方的比例後，如果知道是那一個經紀排隊掛盤不是更好嗎？在大利市機中，你亦可以找到買入經紀排盤和賣出經紀排盤。知道有那些經紀在排盤當然好啦，因為如果你發現一些小型證券行在排盤，散戶在入貨的機會大。若在某個價位有單一或少數入貨者；不過佢地排出超多的入貨量等著大手掃入。比方說這個價位得兩條友排；但竟然成交量有500K，就算唔用想像力，你都好自然會覺得佢係大戶。

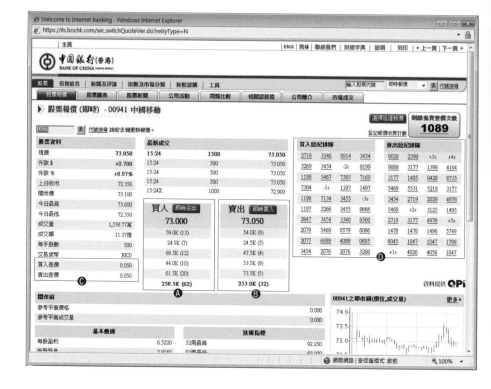

大利市機重點解構圖

不同的經紀行或銀行，採用的軟件可能有所不同，所以畫面結構會略為有差；但基本上資料是一樣的，只要找到應注意的重點出來就可以。如果你已在銀行開設網上股票戶口，就在開市時段，隨時可以在家查閱；如果你冇，就可能要到銀行跟一班師奶們免費爭住用一兩部機了。你亦可以付費購買市面上一些網上即時報價系統使用，一般會以月費計，收費由一至五百蚊不等。

A 買入叫價(Bid)

這是什麼唔駛解都應該明，要提的是在掛上排價後，要等到沽家願意以這個價沽貨才能成交。初哥多數都心急，唔排價驚死入唔到咁，所以他們多數會以即時買入，而承盤價將以即市排價最高的價成交。以圖為例，你唔等得，就以最高價$73.05買入。

B 賣出叫價(Ask)

賣出叫價都好明顯，唔駛解。不過你擺得個價出嚟，都唔係即刻走到貨，要等到有買家願意以你個價接才可以成交。和買入叫價一樣，如果你心急，或遇到大跌市，可以即時賣出，而承盤價將以即市排價最低的價成交。以圖為例，你唔等得，就以最低價$73沽出。

C 差價(Spread)

買入叫價和賣出叫價有差佢才有得排盤，這個差距，一般稱之為差價(Spread)。在「買入」和「賣出」欄中的股數，每向下一格，就相差一個差價，而各行括號內的數字，是每個價位的買入經紀人數。

D 買入及賣出經紀排隊

從這欄中，你可以看到買賣輪候的情況。這裡的編號，就是經紀叫價排入的經紀編號，只要知道代號便可以查到是那一個經紀在交易。在欄中還可以看到「-1」、「-2」、「+1」、「+2」等符號。如你在買入欄中見到「-2」，即代表以上的編號是買入叫價兩個價位差價買盤的經紀編號。同樣地，如你在買出欄中見到「+2」，即代表以上的編號是賣出叫價高兩個價位差價買盤的經紀編號。

「買入」、「賣出」和「差價」的分析詳解

以上頁圖中「買入」和「賣出」欄的數字做例子：

買入差價：0.05
以 $73.00 排盤有 13 個經紀，合共 59,000 股
以 $72.95 排盤有 7 個經紀，合共 24,500 股
以 $72.90 排盤有 12 個經紀，合共 69,500 股
以 $72.85 排盤有 10 個經紀，合共 44,000 股
以 $72.80 排盤有 20 個經紀，合共 61,500 股

賣出差價：0.05
以 $73.05 排盤有 9 個經紀，合共 54,000 股
以 $73.10 排盤有 5 個經紀，合共 24,500 股
以 $73.15 排盤有 4 個經紀，合共 47,500 股
以 $73.20 排盤有 9 個經紀，合共 53,000 股
以 $73.25 排盤有 5 個經紀，合共 73,500 股

之前買入和賣出只可以掛4個位差價的排盤；但現在已經可以去到8個位了。一個經紀牌可以掛600手股票，所以要大額掛出買賣盤，就要出多過一個經紀牌。作為散戶，你當然可以睇大利市機中留意出名的大行牌，並從成交量中來估股價的升跌；不過要提醒大家一點，作為大戶梗係要蠱惑行先，又時候佢地會扮排牌，因為排排下經紀隨時可以抽牌的。

大戶排盤辨認招

一般小投資者多數都係細經紀行或銀行買賣股票,所以當你見到大利市機的買入或賣出經紀排隊欄中,有中銀、恆生、匯豐、大福證券等等的經紀編號,再睇睇排盤的數量,大概唔難確定是散戶在買買賣賣。如果你發現經紀編號係 Morgan Stanley Hong Kong、美林或麥格理資本證券等等的經紀行,唔排除大戶正在部署。觀察正在排盤中的買家或賣家,作為你入市前的預測,真的可以做一個投資方向指標。假如你發現正在排盤買入的九成九都係散戶;而同一時段在排賣出盤的是大戶,你便要小心。大戶放貨唔一定次次都出問題,不過「大戶放得快,一定有古怪」。股票是供求關係的拉鋸戰,要成功放貨,一定要有人肯接貨。長氣都要講多次,兵不厭詐,因為排盤只是排,不是真正的成交。未完成的交易,任何一個投資者都有權不執行排盤。大戶為了製造入市的假象,便會顯示排盤,引散戶先搶貨,在千鈞一髮之時取消排盤買入。散戶捧高了個股價,大戶就可以甩他們手頭上已有的貨套利。之後篇幅,為了方便大家隨即望住大利市機查閱經紀編號,我們會提供一些經常出現的經紀代號給大家參考,由於篇幅有限,未能登出或更新改動的經紀編號,大家可以到以下網址按個別需要輸入查詢:http://www.hkex.com.hk/chi/plw/plw_search_c.asp?selectType=SE

在香港交易所的網站,你隨時都可以查詢到最新的經紀號及有關公司的詳細資料:http://www.hkex.com.hk

大利市經紀代號預測法

觀察正在排盤中的買家或賣家，可以幫你在入市前作出預測，為了方便大家在大利事機前馬上查出經紀編號，本社已為大家搜羅了大部份資料。資料只作參考用途，因為篇幅有限，未能盡錄所有資料。本社而竭力確保其提供之資料準確可靠，但不保證該等資料絕對正確可靠；對於任何因資料不確或遺漏又而引致之損失或損害，本社概不負責。

經紀編號		所屬經紀行	經紀編號		所屬經紀行
0010	0019	Drake & Morgan Ltd.		0219	大正證券有限公司
0020	0029	建銀國際證券有限公司		0224/9	Morgan Stanley Dean Witter
0030	0039	日聯飛翼證券亞洲有限公司			Hong Kong Securities Ltd.
0040	0049	富業證券投資有限公司	0240	0249	日發投資有限公司
0050	0059	通陸證券有限公司	0250/1		太平洋興業證券有限公司
0060	0069	鼎成證券有限公司	0260	0269	怡發證券有限公司
0080	0089	豐年証券投資有限公司	0270/1	0278/9	志昇證券有限公司
0090	0099	泰山證券有限公司	0290	0299	世博證券有限公司
0100/3	0105	京華山一證券(香港)有限公司	0310/1	0315/9	交通證券有限公司
	0107/9	京華山一證券(香港)有限公司	0320	0329	詠明證券有限公司
0110	0118/9	京華山一證券(香港)有限公司	0330/1	0335/9	大和証券盛民博昌(香港)有限公司
0120/1	0127	美建證券有限公司		0349	大和証券盛民博昌(香港)有限公司
	0129	美建證券有限公司	0380	0389	飛馬香港有限公司
0130/1	0138/9	結好投資有限公司	0390/2	0396/7	景福證券有限公司
	0144/5	大福證券有限公司		0399	景福證券有限公司
	0147/9	大福證券有限公司	0430/1	0438/9	恒通證券有限公司
0150/3	0154/9	大福證券有限公司	0440/1	0448/9	高陞證券有限公司
0160/1	0164/9	大福證券有限公司	0460/1	0468/9	步基證券有限公司
0170/1	0177/9	金榜証券控股有限公司	0470	0479	海生證券有限公司
0180/1	0188/9	興業證券有限公司	0480	0488/9	貝爾斯登亞洲有限公司
0210/1	0217	大正證券有限公司	0490	0499	豐樂證券有限公司

經紀編號		所屬經紀行	經紀編號		所屬經紀行
	0535	大福證券有限公司	1050	1059	哥連頓證券投資有限公司
0570	0579	東美證券有限公司	1070	1079	萬達基證券有限公司
0600	0609	張氏証券有限公司	1080	1089	工商東亞證券有限公司
0610/2	0616/9	張氏証券有限公司	1090/3	1095/9	工商東亞證券有限公司
0660/1	0668/9	永發證券有限公司	1100	1109	東海東京證券(亞洲)有限公司
0670	0679	金旭證券有限公司	1120	1129	富澤證券有限公司
0700	0709	厚德證券有限公司	1130/1	1138/9	興利証券有限公司
0730	0739	陳岳明證券有限公司	1150	1159	才仕證券有限公司
0770	0779	華信證券有限公司	1160	1169	農銀証券有限公司
0800	0808?	平安證券有限公司	1190/3	1194/5	Credit Suisse First Boston
0820	0829	恆利證券(香港)有限公司			(Hong Kong) Securities Ltd.
0830/2	0837/9	廣發行証券有限公司		1197	Credit Suisse First Boston
0860	0869	昌萬年有限公司			(Hong Kong) Securities Ltd.
0870/1	0878/9	僑立證券有限公司		1199	Credit Suisse First Boston
0890/3	0895/7	海旺投資有限公司			(Hong Kong) Securities Ltd.
	0899	海旺投資有限公司	1210	1219	亞洲太平証券有限公司
0900/1	0908/9	福財證券及期貨有限公司	1310	1319	威達利證券有限公司
0920	0929	中發証券有限公司	1320/1	1325/9	益高證券有限公司
0940	0949	達証券(香港)有限公司	1330	1339	利星行證券有限公司
0980	0989	江陸證券有限公司	1340/1	1348/9	聯興證券有限公司
0990/1	0996/7	海旺投資有限公司	1370		順隆證券行有限公司
1000	1009	滿好證券有限公司	1380/3	1385/9	順隆證券行有限公司
1010/1	1018/9	金融社財經服務有限公司	1390/1	1398/9	興偉聯合證券有限公司
1020	1029	新利偉投資有限公司	1410	1419	永得証券有限公司
1030/1	1038/9	邁高達證券有限公司	1420/2	1427/9	常匯證券有限公司

經紀編號		所屬經紀行	經紀編號		所屬經紀行
1520	1529	金山投資(香港)有限公司	1950	1959	同信證券有限公司
1530/1	1538/9	中潤證券有限公司	1960	1969	富益證券有限公司
1600	1609	亞證券 (亞洲) 有限公司	1970	1978	鄭任安證券有限公司
1610/1	1618/9	富欣證券有限公司	2010/3	2014/9	東亞證券有限公司
1630/1	1637/9	百裕證券有限公司	2020/1	2024/9	東亞證券有限公司
1650	1659	威發證券有限公司	2030	2039	金華證券有限公司
1680/3	1686/9	華富嘉洛證券有限公司	2080/1	2085/9	巴克萊亞洲有限公司
1720	1729	華生證券有限公司	2090	2099	富邦證券(香港)有限公司
1730	1739	高勤証券有限公司	2110	2119	寶盛金融服務有限公司
1750	1759	基裕證券有限公司	2120	2129	佳富達證券有限公司
1760	1769	偉民証券有限公司	2150	2159	金江股票有限公司
1770	1779	日本信用證券有限公司	2160/2	2167/9	太平基業證券有限公司
1780	1789	華南永昌證券(香港)有限公司	2170	2179	世灝證券有限公司
1790	1798/9	耀才證券國際 (香港) 有限公司	2180	2189	葉阮惠有限公司
1810/1	1818	浙江第一證券有限公司	2190	2199	美聯證券有限公司
1820	1829	日亞證券有限公司	2210/1	2218/9	恆泰証券有限公司
1830/1	1837	極訊香港有限公司	2220/2	2228/9	星晨證券有限公司
	1839	極訊香港有限公司	2250	2259	凱敏證券有限公司
1850/2	1857/9	聯發證券有限公司	2280	2289	博大證券有限公司
1870/1	1878/9	東泰證券有限公司	2290/1	2299	一中證券有限公司
1880	1889	宏興證券有限公司	2300	2309	李氏證券有限公司
1890	1899	金鼎綜合證券 (香港) 有限公司	2310/3	2314/9	恆誠證券有限公司
1900	1908/9	富泰證券有限公司	2320/1	2328/9	周生生證券有限公司
1920/1	1928/9	吳玉欽証券(香港)有限公司	2330/3	2336/9	周生生證券有限公司
1940	1949	大寧證券有限公司		2364/9	恆生證券有限公司

經紀編號		所屬經紀行	經紀編號		所屬經紀行
2370	2379	順靈發展有限公司	2860	2869	東信證券有限公司
2380	2389	名匯證券有限公司	2880/2	2887/9	緻寶投資有限公司
2390	2399	台証證券(香港)有限公司	2900	2909	偉民股票買賣有限公司
2430/2	2435/9	信誠證券有限公司	2920	2929	權富證券有限公司
2500/1	2508/9	中亞證券有限公司	2970	2978/9	星展唯高達網上證券(香港)有限
	2519	United World Online Ltd.			公司
2520/1	2528/9	齊榮證券有限公司	2980	2989	亞華證券有限公司
2550/1	2558	好盈證券有限公司	3000/2	3007/9	達明行證券投資有限公司
2590	2599	高氏兄弟証券有限公司	3020	3029	建豐証券有限公司
2600/2	2607/9	御泰證券有限公司	3050	3058/9	金信資本有限公司
2620/1	2628/9	加皇投資理財有限公司	3060	3069	先鋒證券有限公司
2630	2639	永高證券有限公司		3074/5	Morgan Stanley Dean Witter
2660/1	2668/9	萬興證券有限公司			Hong Kong Securities Ltd.
2680	2689	華誠證券有限公司		3077/8	Morgan Stanley Dean Witter
2690	2699	亨寶證券有限公司			Hong Kong Securities Ltd.
2700	2709	大輝證券有限公司	3080	3089	嘉裕證券有限公司
2720/2	2727/9	秦志遠證券有限公司	3110	3119	飛達證券有限公司
2750	2759	漢華證券有限公司	3130/1	3138/9	國中證券有限公司
2770/1	2778/9	太平行證券有限公司	3140	3149	萬能國際證券有限公司
2790	2804/5	恆豐證券有限公司	3160	3169	黎寶鴻證券有限公司
2800/3	2807/9	恆豐證券有限公司	3170	3177/9	Citigroup Global Markets
2810/1	2818/9	桂洪証券有限公司			Asia Ltd.
2830	2839	路華證券有限公司	3190	3199	利達時證券有限公司
2840/3	2844/9	麥格理證券股份有限公司	3210	?3219	新光証券有限公司
	2856/7	麥格理證券股份有限公司	3220	3229	發利證券有限公司

經紀編號		所屬經紀行	經紀編號		所屬經紀行
3230	3238/9	勝利證券有限公司	3800/1	3808/9	堅固證券有限公司
3250/2	3257/9	亞洲乾昌證券有限公司	3840/1	3848/9	大德證券(亞洲)有限公司
3320	3329	義發證券有限公司	3860	3869	文漢揚証券有限公司
3350	3359	聯安證券有限公司	3870	3879	東英亞洲證券有限公司
3360	3369	泓通海證券有限公司	3880/1	3888/9	大一投資有限公司
3370	3379	岡三國際(亞洲)有限公司	3900/1	3908/9	時代證券有限公司
3390/2	3398/9	朗盈證券有限公司	3920	3929	恆達証券有限公司
3410/3	3416/9	中保集團証券有限公司	3930/1	3938/9	和豐證券有限公司
3450/2	3455/9	高盛(亞洲)證券有限公司	3950	3959	衍鋒集團投資有限公司
3470	3479	展兆投資有限公司	3960/2	3967/9	美輝證券有限公司
3490	3499	萬隆行證券有限公司	3990/1	3998/9	達利證券有限公司
3500/1	3508/9	萬勝證券(遠東)有限公司	4010/1	4019	億創證券有限公司
3550/1	3558/9	永生證券有限公司	4030/1	4038/9	大盛証券投資有限公司
3580	3589	莊氏投資有限公司	4060	4068/9	法國巴黎百富勤證券有限公司
3610	3619	惠興証券有限公司	4070/3	4074/6	法國巴黎百富勤證券有限公司
3630/2	3637/9	鴻溢證券有限公司		4078/9	法國巴黎百富勤證券有限公司
3660	3669	金鴻証券有限公司	4080/1	4086/9	Credit Suisse First Boston
3680	3689	萬利企業〔投資〕有限公司			(Hong Kong) Securities Ltd.
3700	3709	寶通證券亞洲有限公司	4120/1	4128/9	鴻昇證券有限公司
3720	3729	新偉高證券有限公司	4130	4139	恆昇證券有限公司
3730	3739	東洋證券亞洲有限公司	4140	4149	英華證券有限公司
3760/2	3764/9	金利豐證券有限公司	4160/1	4164/9	麥格理證券(亞洲)有限公司
3770	3779	金興証券有限公司	4180	4189	嘉信証券有限公司
3780	3789	美高證券有限公司	4230	4239	星光證券有限公司
3790	3799	金茂証券有限公司	4280	4289	億寶證券有限公司

經紀編號		所屬經紀行	經紀編號		所屬經紀行
4310	4319	樂基證券有限公司	4840	4849	永業證券有限公司
4330/1	4338/9	敦沛證券有限公司	4860	4869	佳隆證券有限公司
4350/1	4358/9	裕安證券有限公司	4880/1	4886/9	嘉誠亞洲有限公司
4370	4379	百利證券有限公司	4890	4899	大亞證券有限公司
4380	4389	香港宏僑投資有限公司	4900/1	4908/9	日盛嘉富證券國際有限公司
4400	4409	鈞寶證券有限公司	4920/2	4927/9	鷹達證券有限公司
4410	4419	盈泰證券有限公司	4950	4959	國興証券有限公司
4440	4449	榮達証券有限公司	4970/2	4977/9	法國興業證券(香港)有限公司
4460/1	4468/9	興盛香港證券有限公司	5010/1	5018/9	大豐證券有限公司
4470	4479	萬光證券有限公司	5030	5039	市民證券有限公司
4500	4509	祺昌證券有限公司	5080/2	5087/9	F.R. Zimmern Ltd.
4520	4529	新安達證券有限公司	5090/1	5098/9	浩豐證券投資有限公司
4550/1	4558/9	偉富證券有限公司	5110	5119	劉氏証券有限公司
4560	4569	華泰證券有限公司	5140/1	5148/9	高信證券有限公司
4590/1	4595	美國培基証券有限公司	5160/1	5168/9	佐雄證券有限公司
	4597	美國培基証券有限公司	5170	5179	第一證券(香港)有限公司
4660/2	4664/9	致富證券有限公司	5200	5209	鴻業證券有限公司
4670	4679	金源證券投資有限公司		5219	申銀萬國證券(香港)有限公司
	4687/9	致富證券有限公司	5220/3	5227/9	申銀萬國證券(香港)有限公司
4690	4699	巴西證券有限公司	5260/2	5267/9	永安祥證券有限公司
4700/1	4708/9	協和證券有限公司	5280	5289	蘇佩瓚證券有限公司
4720/1	4728/9	利興股票有限公司	5290	5299	Cantor Fitzgerald
4780	4789	德盛證券有限公司			(Hong Kong) Capital Markets Ltd.
4800	4808	高鋒證券有限公司	5310	5319	海富證券有限公司
4830	4838/9	匯訊數碼証券有限公司			

經紀編號		所屬經紀行	經紀編號		所屬經紀行
5330/3	5336/9	J.P. Morgan Broking(Hong Kong) Ltd.	5670/2	5675/9	Nomura Securities (Hong Kong) Ltd.
5340/1	5344/9	J.P. Morgan Broking (Hong Kong) Ltd.	5680	5689	永威證券有限公司
5360/2	5365/9	DBS 唯高達香港有限公司	5700/1	5708/9	林達證券有限公司
	5374	DBS 唯高達香港有限公司	5710	5719	致力證券有限公司
	5376/9	DBS 唯高達香港有限公司	5740	5748/9	比聯証券香港有限公司
5390/1	5398/9	大華證券(香港)有限公司	5760	5769	威敏證券有限公司
5400	5408	駿溢証券有限公司	5770	5779	萬利股票有限公司
5430/1	5437	均益證券(國際)有限公司	5790	5799	新基立證券有限公司
	5439	均益證券(國際)有限公司	5800	5809	浩誠證券有限公司
5440	5449	康州證券有限公司	5820	5829	致富證券投資有限公司
5470	5477/9	金輝証券有限公司	5850	5859	立生證券有限公司
5490/1	5499	富盛證券有限公司	5880/1	5887	亨達國際金融集團有限公司
5510/3	5516/9	新鴻基投資服務有限公司		5889	亨達國際金融集團有限公司
5520/3	5526/9	新鴻基投資服務有限公司	5910	5919	申新證券有限公司
5530/2	5538/9	新鴻基投資服務有限公司		5924/9	恆生證券有限公司
5550	5559	金力証券有限公司	5930	5937/8	一銀和昇證券有限公司
5560/2	5567/9	南方證券（香港）有限公司	5932		一銀和昇證券有限公司
5580	5589	金運通證券有限公司	5940	5949	騰記證券有限公司
5590	5599	嘉利證券投資有限公司	5960	5969	通用股票有限公司
5610	5619	兆安證券投資有限公司	5980/1	5989	萬信證券有限公司
5630/1	5637/8	岡地投資(香港)有限公司	6000/1	6008/9	昌盛證券有限公司
5660/2	5667/9	永亨證券有限公司	6010	6019	康和証券（香港）有限公司
			6070/1	6076/9	得士可證券香港有限公司
			6080/3	6084/6	凱基證券(香港)有限公司

經紀編號		所屬經紀行	經紀編號		所屬經紀行
	6088/9	凱基證券(香港)有限公司		6479	群益證券(香港)有限公司
6090	6099	崑泰證券(金銀)有限公司	6480	6489	凱順股票有限公司
6100/2	6106/9	國泰君安證券(香港)有限公司	6490/3	6495/9	美國雷曼兄弟證券亞洲有限公司
6110	6119	明漢證券有限公司	6500		美國雷曼兄弟證券亞洲有限公司
6120/3	6126/9	金英證券香港有限公司	6520/1	6528/9	萬利豐證券有限公司
6150	6159	裕豐證券有限公司	6550	6559	利銘證券有限公司
6160	6169	元富證券〔香港〕有限公司	6560	6569	長雄證券有限公司
6190	6199	信亨証券有限公司	6580	6589	協興股票有限公司
6200	6209	陽光資本證券有限公司	6600/1	6608/9	華暉證券有限公司
6210	6219	新邦証券有限公司	6610/2	6617/9	宏高證券有限公司
6220/3	6226/9	興旺證券有限公司	6690	6699	添華證券香港有限公司
6250	6259	建華證券(亞洲)有限公司	6700/2	6707/9	廣利証券有限公司
6270/1	6278/9	好利發證券有限公司	6750	6759	新寶城證券有限公司
6280	6289	眾利股票有限公司	6770/2	6775	宏旺證券有限公司
6310	6319	第一上海證券有限公司		6778/9	宏旺證券有限公司
6330/1	6338/9	大業證券有限公司	6800	6809	平和證券有限公司
6360/1	6368/9	羅沙証券有限公司	6820/3	6825/9	輝立証券(香港)有限公司
6370/1	6377/9	恆亞証券有限公司	6830/2	6835	輝立証券(香港)有限公司
6380/3	6384/9	Morgan Stanley Dean Witter Hong Kong Securities Ltd.		6837	輝立証券(香港)有限公司
			6840	6849	加福證券有限公司
6410	6419	世紀建業證券有限公司	6860/2	6867/9	新同得有限公司
	6424/6	中信資本證券有限公司	6880	6889	益群證券有限公司
6430/2	6434/9	中信資本證券有限公司	6910	6919	嘉詠證券有限公司
6450/1	6459	統一證券(香港)有限公司	6930	6939	億康證券有限公司
6470/1	6477	群益證券(香港)有限公司	6940	6949	聯勝網上證券有限公司

經紀編號		所屬經紀行	經紀編號		所屬經紀行
6950	6958	恆富證券有限公司	7310	7319	永勝證券有限公司
6960/1	6965/9	United World Online Ltd.	7330/1	7338/9	萬金來證券有限公司
	6984/9	匯富金融服務有限公司	7350/3	7354/7	美林遠東有限公司
7000	7009	惠成投資有限公司		7359	美林遠東有限公司
7020/2	7026/9	寶來證券(香港)有限公司	7360/3	7366/9	美林遠東有限公司
7040/2	7047/9	結好投資有限公司	7380/3	7386/9	Citigroup Global Markets
7070/2	7077/9	永富證券有限公司			Asia Ltd.
7080/1	7088/9	榮通證券有限公司	7400		美國培基証券有限公司
7100	7109	英明證券有限公司	7402/3	7408/9	美國培基証券有限公司
7120	7127	大華繼顯(香港)有限公司	7410/1	7418/9	聯成證券有限公司
7130/3	7134/9	大華繼顯(香港)有限公司	7460/1	7468/9	蘇佩珆有限公司
7140/3	7146/9	時富證券有限公司	7470/1	7477	訊匯證券有限公司
7150/3	7155	時富證券有限公司		7479	訊匯證券有限公司
	7159	時富證券有限公司	7500	7509	恆億證券有限公司
7160	7167/9	時富證券有限公司	7510	7519	金鑾證券有限公司
7170/1	7174/9	匯富金融服務有限公司	7540/2	7547/9	中方證券有限公司
7180/3	7185/9	德意志證券亞洲有限公司	7570/3	7576/9	英皇證券(香港)有限公司
7190		德意志證券亞洲有限公司	7580/1	7585/8	英皇證券(香港)有限公司
7200	7209	金豐證券有限公司	7600	7609	寶威證券有限公司
	7215/7	德意志證券亞洲有限公司	7670/3	7676/9	力寶證券有限公司
7220/1	7228/9	晉安証券有限公司	7680	7689	大發証券(香港)有限公司
7230/1	7238/9	祖達股票行有限公司	7700/2	7707/9	大唐投資(證券)有限公司
7260/2	7267/9	投資科技集團香港有限公司	7730	7739	萬誠證券有限公司
7270	7279	匯富電子証券有限公司	7750/1	7758/9	長盈證券有限公司
7280/1	7288/9	永盛証券投資有限公司	7760	7769	順德證券有限公司

經紀編號		所屬經紀行	經紀編號		所屬經紀行
7770/2	7777/9	中華太平洋證券有限公司	8140/3	8144/9	中銀國際證券有限公司
7800/1	7808/9	恆明珠證券有限公司	8150	8154/9	中銀國際證券有限公司
7830	7839	包大衛証券投資有限公司		8164/9	中銀國際證券有限公司
7850	7859	致德證券有限公司		8174/9	中銀國際證券有限公司
7860	7869	中南証券有限公司		8187/9	中銀國際證券有限公司
7870	7879	興亞証券有限公司	8200/2	8207/9	溢利證券有限公司
7880	7889	亨達証券有限公司	8220	8229	凱思證券有限公司
7890/1	7898/9	榮興證券有限公司	8230	8239	進匯證券有限公司
7910/1	7917	工銀亞洲証券有限公司	8250	8259	環球證券有限公司
	7919	工銀亞洲証券有限公司	8260	8269	穎翔證券有限公司
7920	7929	永安證券有限公司	8270/3	8276/9	南華證券投資有限公司
7930/1	7938/9	德豐證券投資有限公司	8290	8299	越秀証券有限公司
7960/1	7968/9	倍利浩昌證券有限公司	8320	8329	匯凱證券有限公司
7970	7979	炎昌証券投資有限公司	8330/2	8336/9	新富證券有限公司
7980	7989	鴻運証券有限公司		8379	匯豐金融證券（香港）有限公司
7990/3	7997/9	協聯證券有限公司	8380	8389	卓越證券有限公司
	8009	協聯證券有限公司	8390/3	8394/9	匯豐金融證券（香港）有限公司
8010	8019	盈富證券有限公司	8400	8404/9	匯豐金融證券（香港）有限公司
8020/3	8026/9	里昂證券有限公司	8410	8419	Salisbury Securities Ltd.
8030	8038/9	里昂證券有限公司	8450	8459	恆滿證券有限公司
8070/3	8076/9	同德證券(香港)有限公司	8460		巴黎巴亞洲証券有限公司
8080/1	8088/9	粵海證券有限公司	8490	8499	美銀證券有限公司
8100	8109	1Spread Brokerage Ltd.	8510/1	8515/9	富通期權結算香港有限公司
8120/3	8124/9	中銀國際證券有限公司	8580/1	8589	凱基證券(香港)有限公司
8130/3	8134/9	中銀國際證券有限公司	8590	8594/5	凱基證券(香港)有限公司

經紀編號		所屬經紀行	經紀編號		所屬經紀行
8592/3	8599	凱基證券(香港)有限公司	9150/1	9157	中衛投資有限公司
8640/2	8647/9	荷銀證券亞洲有限公司		9159	中衛投資有限公司
8680/1	8688/9	聯合證券有限公司	9400/2		匯豐金融證券（香港）有限公司
8700/1	8708/9	百德能經紀有限公司	9403/8		中信資本證券有限公司
8720	8729	漢宇資本（亞洲）有限公司	9411/2		中信資本證券有限公司
8750	8759	宏昌証券有限公司		9419	恆生證券有限公司
8760/2	8767/9	富銀證券(香港)有限公司	9420/2		恆生證券有限公司
8790/2	8797/9	天發證券有限公司		9423	大福證券有限公司
8830/3	8836/9	道亨證券有限公司	9424/7		United World Online Ltd.
8840	8849	道亨證券有限公司	9431/4		恆生證券有限公司
8870	8879	大中華證券有限公司		9503	百裕證券有限公司
8880/3	8885/7	中國光大證券(香港)有限公司		9505	里昂證券有限公司
	8889	中國光大證券(香港)有限公司		9507	麥格理證券(亞洲)有限公司
8930/2	8935	創興證券有限公司		9509	法國興業證券(香港)有限公司
	8938/9	創興證券有限公司		9513	J.P. Morgan Broking
8960/1	8968/9	中國國際金融香港證券有限公司			(Hong Kong) Ltd.
9030/2	9037/9	招商證券(香港)有限公司		9515	Credit Suisse First Boston
9040/3	9046/9	永隆證券有限公司			(Hong Kong) Securities Ltd.
9050/2	9054/9	UBS Securities Hong Kong Ltd.		9517	溢利證券有限公司
9060/3	9065/9	UBS Securities Hong Kong Ltd.		9519	匯凱證券有限公司
9070/1	9074/9	富昌證券有限公司		9521	法國巴黎百富勤證券有限公司
	9089	富昌證券有限公司		9523	比聯証券香港有限公司
9090	9099	復華證券(香港)有限公司		9529	德意志證券亞洲有限公司
9100	9108/9	雄愉證券有限公司		9533	德意志證券亞洲有限公司
9130	9139	利高證券有限公司			

踢爆大利市機
古蠱「搭棚」大戶

之前已有少許篇幅提及大戶是可以放煙幕去蒙騙散戶；但究竟他們點樣做完美地做出這手段，而作為散戶又如何從一些蛛絲馬跡之中，識破他們奸計？接下來的篇幅就詳細地教教大家。基本上，大戶利用大利市機放煙幕的招數，行內人都稱之為「搭棚」。大戶如果想推高股價，而又不想用真金白銀去買貨，他們會在買家行列掛入很多或很大的買盤，製造假象，讓散戶以為，有很多買家或很大買盤求入，於是加入掃貨行列。這之前也提過，所以不再重覆再講了。反而想講講大戶真真正正地想買貨的時候又會出咩詭計。

大戶騙走散戶平貨陰招

相反地，如果大戶想低價入貨，他們會反其道而行，在沽家隊伍掛出很多或很大的沽盤，製造假象，令人以為沽壓很大，自願低價沽出。大戶最明白散戶的羊群心理，只要有人踏出第一步，好容易製造出骨牌效應，所以如果當大戶想低價入貨，他們會先在買家隊伍中排入真正想買入的股數，不過又蠱惑地在賣家隊伍掛出很多虛假的沽盤，令有心出貨的人覺得排隊掛沽的出貨機會不大，於是直接平價拋貨。這種手法可以稱為「明沽實買」。大戶不會學什麼價值投資，因為他們會把正真有價值的東西，用幻術變成冇價值，自己掃貨後再把價值套回去。簡單地說，如果大家見到買入和賣出欄中，同時出現同一個經紀的掛盤，就要提高警覺以防墮入圈套。

教你如何分辨真假買賣盤

當然，做人亦不可以太過小人之心，世界咁大，有壞人，亦真係會有好人。作為一個經紀，有不同的客戶，遇上一個要入 A；另一個要放 A，同時要掛入和掛出同一隻股票也不出奇。作為散戶投資者，又點分辨哪些是真盤，哪些是假盤？

你要分辨出真假買賣盤，首先你要知道大利市機系統的運作。因為自動對盤系統是以時間優先次序的基礎進行交易，即買家和賣家的隊伍是按照輸入時間先後次序排列，先到先得。即是話，如果有人想以扮曬野，蠱惑地用「明沽實買」的手法去打劫，他通常會把虛假的沽盤放在沽家隊伍的最後位置，這樣達成交易的機會較小，因為他們根本沒有貨沽出，或者不是真正想出貨。

不過，排隊總會輪到你，所以當這些假盤的排列位置移動至買入和賣出欄中的前列。見到這情況，輸入假盤的人會馬上把假盤取消，免得一個唔覺意成交左就搞笑。取消了假排盤之後，如果未達成大戶的陰謀，他們會重新排隊，再次把沽盤放在隊伍的最後位置。就好像一個人排隊，當差不多輪到他的時候，他卻跑到龍尾去，重新排過。所以，如果見到這種情形，便要小心。

個市唔旺場又點出「茅招」？

你見銀行勁多「師奶」排隊，個個爭住買買賣賣，這個環境大戶就好容易玩假盤，不過有時候，當個市大家都觀望，又或者個別一些少人追捧的股票，最高買入價和最低賣出價的隊伍，可能沒有太多買家和沽家在排隊，那麼想掛假盤的大戶根本不敢冒險，在最高買入價或最低賣出價的行列中掛入或掛出，那他們會怎樣做去製造假象？

大戶會將假盤掛在低一兩檔的買家行列或高一兩檔的賣家行列，不會放到最低那一列。以之前篇幅的中移動(0941)「買入」和「賣出」欄圖為例，當時的最高買盤價是$73蚊，最低賣盤價是$73.05元，想製造假象去入貨的人會將假的沽盤放在$73.10或$73.15元的沽盤行列。這樣做，即使$73.05元掛出的沽盤被人掃清，做假盤的人還有充分的時間去取消$73.10元的沽盤。

在大利市機畫面上，最高買盤價下面會顯示比最高買盤價低的買家行列，行內術語稱為「副牌」。同樣地，最低沽盤價下面也有比最低沽盤價高的沽家行列。當然好似中移動(0941)這麼大型的藍籌股，就算個市超級靜，都會有一定的成交量，「副牌」玩法，在細價股中才比較常出現。這種大戶「搭棚」的手法是合法的，只是一種技倆，所以，如果你要捕捉莊家收貨行動，或在自己入貨時避開一劫，在大利市機時就要小心一點。

捕捉大戶收貨行動

除了之前篇幅提及過的大戶「搭棚」方法外，大戶要做莊又會有什麼其他的財技呢？接下來的篇幅，便會給讀者一一揭示，讓大家有一個概念，明白為什麼有很多過來人都經常說：「散戶其實是大戶的點心。」如果外圍環境市況好，冇咩風吹草動，個別股票好少引起暴跌，大戶一般沒必要犧牲空間拋貨來壓低個市，在這個形勢下，典型的大戶出貨手法是緩慢平穩的。在正常的情況下，股市大戶要做莊有兩個要點：首先，本身要下場直接參與肉搏，「搭棚」的技倆不夠完全操控個市；第二，大戶還得有辦法控制局面的發展，讓自己穩操勝券。

整體而言，大戶會把資金分成兩部分，一部分用於建倉，這部分資金的作用是直接參與競局，就好像是收購舊樓「落釘」一樣；而另一部分的資金用於控制股價。玩這個遊戲，必須用一部分資金控盤，而且控盤這部分資金風險較大，一圈莊做下來，這部分資金獲利很低甚至可能會賠。大戶預了這筆子彈打敗，賺錢主要是靠建倉資金。 控盤子彈，絕對是玩這個遊戲的成本，所以在個別股票要做勢話事，必須進行成本核算，看控盤所投入的成本和建倉資金的獲利相比如何，如果控盤成本超出了獲利，則這個莊就不能再做下去了。基本上，話到事就好大機會贏，因為股市存在一些規律可以為莊家所利用，可以保證控盤成本比建倉獲利要低。

點解大戶咁易賺錢？

有些憎人富貴厭人貧的小投資者可能會說：「車，有錢梗係可以話事，操控股價啦！」但大戶之所以做到莊，唔係單單有錢咁簡單。控盤的依據是股價的運行，快速集中大量的買賣可以使股價迅速漲跌，而緩慢的買賣即使量已經很大，對股價的影響仍然很小。只要市場的這種性質繼續存在下去，莊家就可以利用這一點來獲利。

股價之所以會有這種運動規律，是因為市場上存在大量對行情缺乏分析判斷能力的盲目操作股民，他們是令大戶成功的基礎。大戶贏在唔只有錢，他們好多時候係一班智囊，或聘請到有財務專業知識的人幫到佢地。市場大眾在信息上永遠處於劣勢，所以在對行情的分析判斷上總是處於被動地位，這是導致其群體表現被動的客觀原因。大戶有財力，就可以得到比人快一步的資訊和消息；那些長期捕係銀行的「師奶」散戶，圖都可能唔識睇，又點會唔做大戶的點心？

所以有錢唔係大曬，知識才是力量！ 到入貨時避開一劫，在大利市機時就要小心一點。

狐假虎威跟上車撈一筆

透視大戶做市的三個階段

之前的篇幅已提及過，大戶賺錢的基本原理是利用市場運動的某些規律性，人為控制股價使自己獲利。現在要揭露的，是怎樣控制股價達到獲利的目的。正所謂條條大路通羅馬，不同的大戶有不同的方法。不過，最簡單最原始也最容易理解的一種路線是低吸高拋，具體地說就是在低位吸到貨然後拉到高位才賣出。

坐莊過程分為建倉、拉抬、出貨三個階段。當大戶發現一隻有上漲潛力的股票，就設法在低價位開始吸貨，待吸到足夠多的貨後，開始拉抬，拉抬到一定位置把貨拋出，中間的一段空間就是大戶的獲利。

選擇用這種方式坐莊的大戶，主要缺點是做多而不做空，只在行情的上升段控盤，在行情的下跌過程不控盤，沒有把行情的全過程式控制在手裡，所以隨著出貨完成做莊即告結束，每次坐莊都只是一次性操作。這一次做完了下一次要做什麼還得去重新發現市場機會，找到機會還要和其他大戶競爭，避免被別人搶先做上去。這麼大的坐莊資金，總是處於這種狀態，有一種不穩定感。他們都有他們的難處，究其原因在於只管被動的等待市場提供機會，而沒有主動的創造機會。

富貴險中求，要搵得多，做咩都要積極。所以，更積極的坐莊思路是不僅要做多，而且要做空，主動的創造市場機會。按照這種思路，一輪完整的坐莊過程實際上是從打壓開始的。

首先，大戶利用大藍籌下跌和個股利空打壓股價，為未來的上漲製造空間，簡單地說就算係基本面好的股票都要搵D嘢唱衰佢。如果真的唱衰咗，接下來理所當然便是吸貨，吸的都是別人的割肉盤（有些散戶好「騰雞」，三兩個壞消息就嚇得到，所以講來講去，炒股真的要用閒錢，因為只有唔等駛的錢才不會輕易沽貨，有得守），這又叫扎空；然後是拉抬和出貨。出貨以後再尋找時機開始打壓，進行新一輪做莊；如此迴圈往複，不斷地從股市上榨取利潤。點解炒股票，升到咁上下要放，就是因為大戶在無風起浪。如果你只識買股票；又唔識放股票，長遠來說，可能買基金你會比較適合你。

如果把前面一種坐莊的方法比做打獵，後面這類坐莊方法就好比養豬（豬當然係愚蠢的散戶）。打獵運氣好時可以打到一隻大野豬；但運氣不好時也可能花了很多腳骨力但什麼也沒打到；養豬可以由小養，養到肥先慢慢殺，相對地來說會比較穩定。

如何根據外圍市況
坐順風車入市賺錢

當今世界經濟已成為全球化經濟。

一體化的重要部分是金融一體化。經濟金融一體化使各國金融
市場互相影響，互相關聯。在股市裡，往往是「牽一發而動全
身」，你要玩這個遊戲，就要關心世界金融形勢。現代通訊科技
的發展，使一國股市和匯率波動的即時行情可以直接在另一個國
家顯現。

教你預測港股升跌
開市前一晚要做的功課

假設你資金已有，又做足功課，有心水股票想明天入市。這樣的話，在入市前一晚，要預測明天大市走勢，你不是要祈禱，也不是要睇通勝；而是先要去 Check一Check港股ADR升定跌。

什麼是ADR？

股壇初哥或少留意財經新聞的，可能對ADR這個名詞很陌生。其實ADR是一種用美元掛牌的股票工具，其英文全稱為American Depositary Receipt，翻譯為美國預托證券。預托證券首先由美國金融業巨子J.P.摩根創建。1927年美國投資者看好英國百貨業公司塞爾弗里奇公司的股票，由於地域的關係，這些美國投資者要投資該股票很不方便（因為英國當時法律禁止公司名正言順地在海外登記上市）。當時的J.P.摩根就設立了一種美國預托證券（ADR），使持有塞爾弗里奇公司股票的投資者可以把塞爾弗里奇公司股票交給摩根指定的在美國與英國都有分支機構的一家銀行，再由這家銀行發給各投資者美國證券憑證。簡單D嚟講，ADR的目的，就是方便企業集資及讓投資者輕易買入或沽售美國上市的非美國企業股票。ADR 以美元為買賣貨幣，而股息則由相關企業以美元為單位支付。現時大約有超過 2,000 隻 ADR 可供投資者選擇。這些企業來自超過 70 個國家及接近 40 種不同行業。由於 ADR 在籌資方面具有很多優勢（發行時間及成本少、監管較寬鬆、受企業規模影響限制較少），因而受到各方重視。

為什麼要留意港股ADR報價？

現在於美國預托證券上市的股票超過2000隻，每日成交金額以幾十億美金計，它已經成為中國的一些大型企業，如中國移動（0941）、中國海洋石油（0883）、中國石油化工（0386）、中國石油（0857）、中國人壽（2628）等實現在美國上市的主要方式。另外，在恆指成分股中舉足輕重的匯豐控股（0005）都有在美國預托上市。理論上，同一個企業、同一個業績、同一盤數，就算在不同的地方上市，股價都應該大同小異。美國和香港因為有時差，所以投資者有理由相信，於美國預托證券上市的港股價位，可以反映本港部分市況。以美國紐約交易所上市的恆指成份股作為計算基礎，為預測港股下一個交易日的市況作參考之用，兩個市場加總交易時間達12.5小時之長，美國上市的港股ADR就有如「晚間的港股」，而且兩地市場緊接，令其有一定參考價值。正所謂寧買當頭起，所以你明天想入市買股票，又怕個市有機會跌，你便可以參考一下港股ADR的報價。如果那邊的藍籌勁跌，翌日的港股都凶多吉少。不過投資者要記住，現在港股會受著不同的外圍因素沖擊，美國、歐洲、中國和日本的市況，絕對可以令港股大起波動，所以美國預托證券的收市價，只能作部分參考。

ADR運作如下（以下時間為香港時間）

港股（9:30-16:00） → ADR指數（冬令22:30-05:00）

夏令（21:30-04:00） → 港股（9:30-16:00）

ADR 報價網站參考

Wargodriver Editgrid Online Spreadsheets

http://www.adr168.com

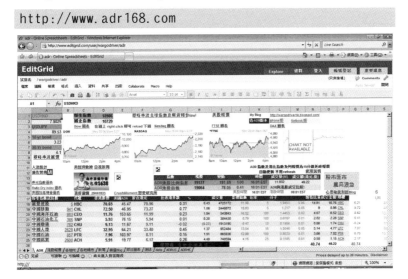

阿思達克財經網

http://www.aastocks.com/tc/market/adr.aspx

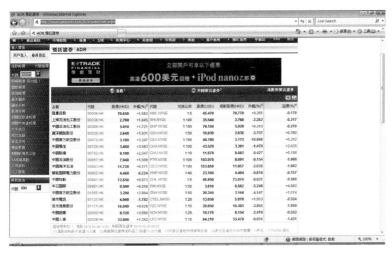

京華山一

http://www.cpy.com.hk/CPY/financial/adr_tc.htm

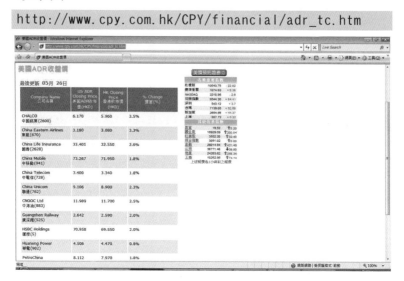

Boom Securities

http://baby.boom.com.hk/portfolio/ADR/adr_search.asp

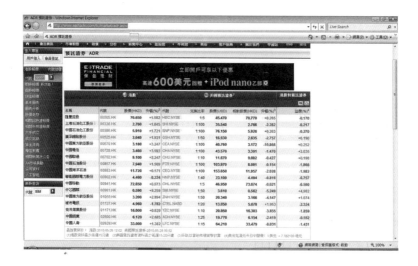

教你預測港股升跌

開市前要看日股

一般而言，除中國之外，亞洲各國和地區的股指，包括香港(HK)，臺灣（TW），新加坡(SG)，澳大利亞(AU)和印度(IN)，主要緊盯日本。雖然自90年代日本

經濟泡沫爆破後，日本已大傷元氣；但日本始終是亞洲區的經濟大國，多多少少都對香港股市有影響力。

好多時候日本股市下跌，除了因為美股下跌的原因外，另一個很重要的原因是因為日元對美元的匯率下跌。這是因為日本也是美國的巨大貿易出口國。如果說中國及香港的股市與日本股市有什麼關聯的話，它們之間的小關聯多半是通過匯率關聯而產生的。所以除了觀察日本股市的漲跌來預測股市，監控匯率變化還更準確一些。日本利率的提升將會對全球股市，包括中國股市都有很大影響，這是因為國際投資人在世界各國都有以低利率的日元借款而進行的股市投資。日本利率的提升將會促使一些投資人撤出股市，還清所借的日元。日本股市比香港開市時間早一些，日本股市在香港時間8:00鐘已經開了市。既然日本對亞洲區股市有前瞻性，所以日股早段升，對恆指便有著數。如果大家在當日早上想入市，香港開市前，應該先參考一下日本股市及其匯率。

日本股市報價網站參考

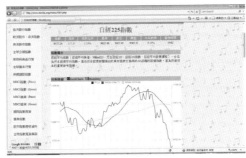

Yahoo NIKKEI 225

http://www.stockq.org/
index/NKY.php

日元匯率查詢工具

http://hk.finance.yahoo.
com/q?s=^N225&d=2b

日元趨勢

http://hk.jpy.
exchangerates24.com/

日元匯率外匯交易查詢

http://www.forexconverter.org/
JPY

教你預測港股升跌

收市後要看歐洲股市

由於全球經濟互相掛勾情況日漸普遍，而歐洲地區股票佔全球股市價值25％以上，之前歐洲因希臘債務危機問題，股市就下跌；所以入市前豈能唔參考一下歐洲個市？英國倫敦參考指數緊貼香港股票市場收市後開市，恆指成分股如匯豐銀行(0005)在那邊的股價走勢對港股後市發揮著啟示功能。除了倫敦個市，其他歐洲股市也是在港股收市後開市，較有影響力而值得參考的，便是德個法蘭克福 DAX 指數。

為什麼歐洲禁止沽空卻讓股市跌得更多？

出現債務危機後，歐洲出招救市，禁止無貨沽空；結果市場反應令個市即時再跌。股市初哥可能會想不通，禁止放空股票不是會讓許多空頭回補嗎？理論上就算個市不反彈，至少不會在跌了吧！歐洲許多政府官員與學者真的不了解股票投資環境，其實為什麼歐洲禁止空頭放空股票卻讓股市跌更多的原因，在於許多歐洲大的基金操盤運用空頭或放空機制來對沖「避險」(Hedging)。

自己不想賣出的股票投資；但當你無法運用沽空對沖這樣的財技，造成他們手上的股票無法「有效」避險，因此只好被強迫「大量」賣出自己手上的股票，骨牌效應就開始了，當歐洲大跌市，就影響全球股市，包括美股賣壓。

歐洲股市行情網站參考

倫敦、德國及法國股市走勢圖

http://www.moneydj.com

QuoteBar 報價霸子

http://www.quotebar.org

教你預測港股升跌
美股、港股和A股的三角關係

以前有學者比喻道指相當於一個穩定器，港股相當於一個中繼器，而A股則相當於一個放大器。三邊股市之中，一方有任何大漲或大跌行為，其他兩方都會有反應。

港股一直深受美國股市影響，因此恒生指數受道瓊斯指數影響實屬正常。

不過，從2007年以來，香港股市比美國股市強勁得多，其主要原因是受中國大陸股市兩個方面的影響：一是在香港上市的中資股走勢強勁，推動恒指上升；二是在港上市的中資股回歸A股市場，市場為此進行炒作，帶動股指上漲，同時也吸引大量國際熱錢湧入香港股市。

中國是一個快速發展中國家，人民幣匯率已經實現經常性項目下的自由兌換，但由於發展中國家綜合基礎條件的不足，資本項目還沒有實現自由兌換，中國的股票市場還沒有對外資直接開放。由此，有不少炒股入門投資書否認或忽視國際金融市場對中國股市的影響作用。

有專家指出，今天中資企業佔港股總市值的比重已超過一半，中資企業對於香港的影響與日遽增。今天香港股市是真正「背靠祖國」了。

港股過去主要跟著美股連動，現在還得看A股臉色，不過大樹好遮陰，例如中國受金融海嘯影響較小，香港受傷情況自然也就輕了些；中國經濟可望領先歐美各國復甦，香港也有機會跟著受惠。要準確地學會預測港股升跌，你要對國際金融市場的理解把握，需要掌握專業的國際金融知識，需要懂得有關匯率，國際收支，金融衍生產品相關知識，並且需要把這些因素與中國股市的具體狀況相結合，這樣才能相對準確地判斷出這些因素對中國股市的影響程度。對於普通股民而言，要學會看全球股市大勢，切不可閉目塞聽。

炒股看政府

「炒股看政府」，這是中國股民最流行的順口溜，政策風向是買股票最重要的指標。有國內投資專業人士表示，以上證指數而言，每次到了五千點，壓力就很大。尤其調高存款準備率，直接衝擊金融、地產業，這都是大型權值股，因此短線上衝的機率不大。

中國股市指數報價網站參考

經濟通中國指數

http://etnet.hk/www/tc/stocks/indexes_china.php

東方財富網大盤指數

http://quote.eastmoney.com

熱門財經行情及有用數據

中港兩地上市股票行情比較

http://stock.qq.com

深圳證券交易所

http://www.szse.cn

上海證券交易所

http://www.sse.com.cn

國際股市走勢圖

http://www.index104.com

美國重要經濟指標指數圖表

http://www.index104.com/us-economic.php

全球股市指數實時行情

http://stockq.cn/

查看世界各外幣歷史兌換率

http://www.xe.com/ict/

美國經濟數據公佈日曆

http://www.aastocks.com/tc/usq/default.ospx

筆記欄

由$1000
開始投資

教你小小本$1000
擁有皇牌大藍籌股票

就算你完完全全對股票零知識，你最少都應該知道匯豐銀行
(0005)除了是一間銀行外，還是一間上市公司，有股票可以買
賣。金融海嘯時期，匯豐銀行最低去到三十幾蚊左右；不過一年
唔夠，又升回過九十蚊。可是，匯豐(0005)要400股才能買入一
手，就算跌到$30，都要即時嘔萬二銀出來才能有交易。對於一
些打工月光族來說，三五千都未必有，唔通一世整定冇運行？又
唔好灰，如果你資本不足夠買一手股票；但又睇好個市，你可以
牛刀小試，考慮以月供方式，由$1000開始買入，慢慢等收成。
若然你是穩陣派，只有三幾千蚊，千祈唔好買入那些老千仙股；
要買就選一些如匯豐、長實、和黃或中移動等巨無霸實力藍籌壓
下個倉，學下嘢先！

個個月買少少
平均成本法風險低

我有一個朋友是巴士司機，要輪班工作，好難時時刻刻監察股票走勢，買賣股票，只能夠在平日放假時才有機會入市。如果你是工作繁重的人，沒有時間仔細了解上市公司財務狀況，對於大市短期的波幅更難掌握，也不能精確判斷是否入市時機，你最好分段入市。即是你要避免把手上所有的錢一次過買入一隻股票，而是遂少遂少地買進。這種投資方法稱為「平均成本法」，也是指在不同價位買進，隨著時間的累積，最終會把買入價成本拉成平均。除非大家好像筆者的朋友一樣，冇時間做「功課」，萬一不小心高位接貨，但因為手上還有「銀彈」，將來遇上低位時，仍有能力繼續吸納，從而不影響長期的回報。若然大家個個月得「一兩飛」子彈，平均成本法便是你不二之選。

首選有盈利增長的公司

月供股票背後最大理念的運作是「平均成本法」，用同等資金在股價下跌時可以購買更多股票。例如：每月供款$1,000元，購買中移動(0941)，假設11月15日價錢為$80元，所以只可購入12.5股；然而12月15日，價錢下降至$70元，購入股數相應增加為14.2股。因此，只要長期進行投資，價格會遂步趨向平均。執筆時，中移動股價已過$100，如果你一早有月供，現在就已賺緊錢。

點解唔儲夠一手才入市
為什麼要月供咁「濕碎」？

先不在這裡討論「平均成本法」的好處，因為在這個世界裡，除了有「平均成本法」外；還有「通脹」、「負利率」、「貨幣貶值」等東西令港元的購買力不斷下跌。通脹其實是一件好事，因為這代表了一個經濟體的活力；但通脹勁過龍，就會產生很多負面影響。

投資是抗通脹的出路

由於存款利率幾乎接近零，即存錢入銀行沒有利息，繼而被通脹蠶食。你想儲夠錢才入一手？冇問題，慢慢來，不過最緊要快，如果唔係，未入到市你便被「陰乾」。現在你放錢到銀行，收到的利息，似乎連魚蛋也買不起，還說要對抗通脹？

要使自己辛辛苦苦打工賺回來的薪水不被貶值，似乎投資股票是一項具效率，又易操作的方法，而且門檻較低（相對買樓及創業），市場亦有大量資訊供投資者研究。港股過去10年表現，即使經歷金融風暴、科網股爆破、SARS及金融海嘯，未計股息收入，整體的恒指平均年回報高達14％。想自己財富抵禦通脹，就要懂得投資、理財。不過，很多人一聽到財富管理或者投資，就會立即皺眉頭，認為是一個很艱深的課題。事實上，投資也可以輕鬆和愉快。

月供股票要注意的事項

月供股票最能運用到「平均成本法」的好處。當股價處於低位時，投資者便可吸納較多股數；反之，如股價上升，購入股數就會相對較少，這個概念，等同炒股常常說的「溝貨」，在長年累月的投資下，如該股反覆上升，每月分段購入的股票平均成本價就會較單一次入市為低。不過，這個世間上，並不存在一個完完全全不需費神的投資項目，亦沒有100％穩賺不賠的投資方法。雖然月供股票有好多好處；但仍有些地方是需要留意的。

💲 比較手續費

假如你不能一筆過買一手就冇辦法，若果你有得揀，選擇「月供股票」還是「一般股票買賣」，除了視乎個人投資理財的取向外；還應該仔細留意及比較不同銀行於收費表上列出的收費詳情。基本來說，「月供股票」費用較高，但容許手頭沒有整筆資金的小投資者，可以按月供款買入股票，資金運用上較為靈活。

銀行在收取其他雜費方面也有不同準則，舉例說，代收股息會收手續費，最低收費介乎$0至$50不等。大家還要比較，在處理終止計劃、調整供款金額或更改股票組合時，銀行會不會收有關的手續費。

$ 供款不宜太少

對於想買「大價股」而又缺乏資金的小股民，可以選擇「月供股票計劃」，以月供儲蓄的形式投資股票。面對坊間琳琅滿目的「月供股票計劃」，市場人士建議，投資者每月供款不宜太少，因為月供計劃收費大多會按供款額收取固定的比例作為手續費，若供款愈少，手續費的比例就愈高。

$ 注意「碎股」的處理和賣價

咩叫「碎股」？例如匯豐400股為一手，而你有414股，那14股便成為了「碎股」。由於每月供款未必可以買到完整一手股票，所以大家須留意沽出「碎股」的安排（因為「碎股」買賣價位會有不同，通常其價格往往低於正股價格。），萬一在等錢週轉求命時，唔夠一手套現都冇咁傷。沽出「碎股」的程序亦與一般正股買賣程序大致相同，但「碎股」須由人手處理，故處理時間或會較長，部分銀行只容許投資者經指定的渠道沽出「碎股」，例如客戶須親身到銀行分行辦理或經非電子交易途徑沽出「碎股」。

$ 宜作長線投資

由於股票行業周期，即部分股票可能受到行業周期性的變化而影響股價，若該隻股票在某時期處於低水，那就令月供股票的回報率隨之下降。因此，投資者揀選月供股票，宜作長線投資。

$ 揀股與時機決定贏多少

月供股票和買基金唔同，月供股票屬單一投資，通常只揀選一隻股票作長線投資，不像基金買賣那樣分散投資，所以月供股票還要考慮到所揀選的股票之價值。雖然可供選擇的月供股票是有實力的藍籌股；但選中一隻跑輸大市的，或多或少都會短期影響心情。如果，沒有信心選某一間公司作為長期投資對象，也可以選擇盈富基金(2008)、恒生H股指數上市基金(2828)或A50中國指數基金(2823)等指數基金，因為這些指數基金內含一籃子股票，並會定時定候汰弱留強，只要你相信香港經濟或者中國經濟長遠會上升。

$ 留意公司市盈率

市盈率可反映投資回本期，例如市盈率是5倍，假設每股盈利不變，即投資者要持股5年才回本。因此，當市盈率愈低，可考慮增加月供款額；當市盈率愈高時則要減低供款了。

$ 小心愈溝愈淡

不過，「平均成本法」也並不是必勝的，如股價不是反覆向上，而是出現每況愈下的情況，投資者便會招致更大損失，如於科網熱期間購入電盈般，則只會出現長年累月「愈溝愈淡」的結果。想從月供股票獲取回報，全看投資者是否懂得判斷入市及揀選股票，揀股票須看準時機入市。

月供股票利弊大比併

好處方面

1. 如果你有「先天大駛症」，又被疑似日本好朋友「長期糧尾」纏住，月供股票就幫到你，因為這可以強迫你定期儲錢。

2. 在熊市時即使股價不斷下跌，仍然可以用低位不斷收集。

3. 炒股聽到個有利消息，你可能衝動到「搏曬命」，如果時運低，限額投資帶來有限風險。

4. 炒股好似玩過山車，要跟貼個市。月供股票不需費神擔心股票短期波動。

壞處方面

1. 每次買得少少，自然回報慢。如果遇上大牛市，股票節節上升，收集時間要更長。

2. 每次逐少購入都要付手續費。

3. 月供股票會錯過短線獲利的機會。在大升市時，你有本錢炒股，一天就可以令你的本金快速增長(不過風險和回報是成正比的，你亦同時有機會輸到「甩肺」)。

4. 月供股票唔係你想邊日供就邊日供，每間銀行的日子都不同，即使股市當日不理性上升及下跌，銀行按規定日子及時間入貨，欠缺靈活性。

5. 月供金額愈少，手續費佔交易成本愈高。

各大銀行月供股票概覽

銀行	中銀香港	恆生	匯豐	永亨	永隆
首次最低 月供投資額	$1000	$1000	$1000	$1000	$1000
每月最低投資額	$1000	$1000	$1000	$1000	$1000
可供選擇 股票數目	50	64	86	18	33
每月 手續費	供款額 0.25%	供款額 0.25%	供款額 0.25%	供款額 0.25%	劃一港幣 $50
存倉費	免收	免收	免收	每半年 $100	每年 $120
代收 股息費	免收	免收	金額 0.5%	金額 0.5%	金額 0.5%
停供手續費	沒有	沒有	沒有	沒有	沒有
每月供款日	20號	15號	15號	7號	9號
投資年期	不限	不限	不限	不限	不限
備註	可用信用 卡繳款	–	–	–	–

*資料來源由銀行網頁及客戶服務熱線取得。

一切條款及細則以銀行最後公佈為準

筆記欄

小小本
投資成功個案
月入萬二買私樓

邊個話住公屋冇發達？

英雄莫問出處　富貴當問緣由

我今年三十幾歲，係公屋長大，結婚前和父母住彩虹村。YouTube有條公屋潮文短片《公屋‧居屋‧私樓》熱爆全城，內容講述伯母招呼準女婿到家裡吃飯，年輕人同樣的職業，不同的居住背景，伯母產生截然不同的態度：住私樓就有「雞脾」食；住公屋就「雞屎忽」都冇得食。影片反映了港人對居住環境的重視，居住背景似乎代表著身份的象徵。

月入一萬公屋出身80後
揸到有車有樓又豈止一個？

我本來應該對那條公屋潮文短片好有共鳴；但同時亦很想替部份伯母們平反。因為，剛剛畢業搵萬一二蚊的我，當年女朋友的媽咪，也有給我「雞脾」食。回想那時入到大學後，發覺身邊同學的屋企人，唔係高學歷就有錢，而且大部份人都係住私樓，自己的確有點自卑。

這個年代要「發圍」，真的不容易，香港已是發展城市，咩都炒貴曬，又要揹負「自由經濟」的核心價值，政府咩都話唔可以控制。大學時，最怕去同學屋企聽佢地父母D偉論。上一輩環境根本唔同，現在個個已經有曬物業，又有什麼的士牌、小巴牌係手，梗係唔駛憂啦。

我們呢一代真係唔係努力工作就可以......不過，同一件事，可以令人自卑，亦可以令自己更加自強不息。認識了女朋友之後，我想通了很多。與其怨天、怨地、怨社會，不如加倍努力，盡搏！在這個年代，我也不認同「努力工作一定買到樓」；但我非常認同「懶人一定買唔到樓」；除非老豆身家厚。

人窮不應志短

我女朋友是在大學時認識，她現在已經是我老婆。她同我講咗一句：「英雄莫問出處，富貴當問緣由！」這句話，令我明白什麼是「人窮，志不窮！」的道理。

之後的日子，我變得非常「慳家」，老婆給了我一個綽號：「非常精算師」。因為她覺得我非常精打細算。

其實我老婆陪我捱了很多苦。結婚時，我靠自己的努力，已經儲夠首期買樓。現在自住的物業，是我送給老婆的，樓契只有我老婆名。我由萬幾一個月，配合資本性被動收入及非資本性被動收入的搵賺方法（之後篇幅詳述），現在月入幾萬，已有能力準備再買樓收租。

月入一萬同等死無分別？

之前各大討論區又有一潮文「月入一萬同等死無分別」引起大量網民共鳴。當中說，月入一萬，會遭人白眼，追女拍拖更是空想。最佳的生活方式是入住公屋，因此應該辭掉月入一萬的工作，找一份人工較低的，合符資格申請公屋。人各有志，第一次看到這潮文，一方面為其作者鼓掌，同時也為他感到悲哀。

有些人懂得辭掉工作，找另一份月薪較低的工作，以符合申請公屋要求，可看出他們是有用過腦，這點其實值得給他們掌聲；可惜的是，他們沒有用盡自己的腦袋，有時候又想歪了，認為香港缺乏機會，但其實機會處處，尤其是在互聯網和智能手機盛行的世代。從前想搞生意，往往要有大筆資金，用來俾開舖頭時的租金和上期按金。入貨及燈油火蠟樣樣都係錢。不過，現時開設網店，成本低得驚人，只要你有計，在互聯網搞生意，多多少少都會賺到錢。

凡事都應作最壞打算，即使第一次搞網上生意失敗，損失也不多。持有「月入一萬同等死無分別」的想法，真的大錯特錯。只能說的是，成功沒有不勞而獲，日日坐在家裡怨這怨那，注定一世不會成功。

單靠儲蓄買樓可行嗎？

這個「樓價發癲」的年代，單靠儲蓄買樓，可能大部份人會感慨此路不通。邏輯上，單靠儲蓄買樓未必不可行，只是時間的問題。不過，阻礙你「發圍」的最大元兇，其實是「過度消費」，儲唔到錢，就自然不能支付上車首期。

之前睇廣告，見某旅行社用「一生只可豪一次」作招徠，成7萬蚊位一個歐洲團。作為一個普通的打工仔，我絕對認同，這樣去歐洲玩，應該是一件一生難忘的事。消費是件好事，可以促進經濟；但不衡量本身能力而過度消費，然後反過來哭著說冇錢買樓，這又是道理嗎？

我寫這本書，不是要曬命，而是希望現在自稱「窮L」的後生仔，可以改變一世「窮L」的想法，未來才會有前途。我很想把老婆當年「英雄莫問出處，富貴當問緣由！」這句話及我搵錢的方程式和大家分享。80後公屋出身，捱到有車有樓又豈止我一個？本章還分享了朋友的成功經驗，有些甚至連大學學位也沒有的個案，希望大家看了能夠有所啟發。

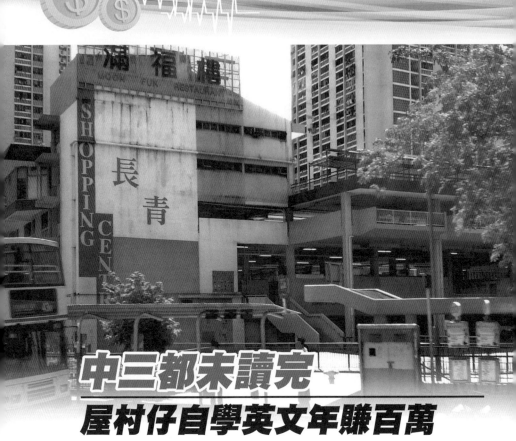

中三都未讀完
屋村仔自學英文年賺百萬

一個人的收入水平，是他平時經常接觸的5個人之平均收入。現實的情況大抵如此：流浪漢跟乞丐搶麵包；百萬富翁跟千萬富翁喝咖啡。多數人會跟同一階層的人聊到一起，因為大家彼此關心的事是一樣的。這就不難理解，成功者為什麼總與更成功的人為友，失敗者為什麼總是與更失敗的人互舔傷口。事情就是這樣，身處在什麼樣的圈子裡，你就會做什麼樣的事。周圍的人是樂觀的還是消極的，身邊的朋友是時常激勵你進步，還是拉你「下水」，這些因素都會影響到你的前途，更重要的是，你的心態和目標，都會深受其影響。

由借錢食大麻到 經營賺錢貿易公司

以上的話，是很多年前，我在旺角電腦中心做兼職時認識的朋友 Vincent 和我說的。我認識他時，他住在青衣長青村；現在他也住在青衣，不過是自置物業灝景灣。對於我這個有大學學位的人來說，他連中三也未畢業便有這個成就，已經是一個傳奇。

我和 Vincent 現在是很好的朋友。由我和他相識至今，中間有幾年我們完全沒有見過面。因為他在香港讀書不成，所以被後父帶到美國，家人以為他在美國可以從頭來過，想不到他卻和一群吸食大麻的鬼仔混在一起，天天逃學。結果，在美國也未完成中學程度。雖然 Vincent 沒有花太多心機在學業上；但卻和鬼仔們混得一口流利的英語。在美國某一天，他突然又離家出走，一個人去了阿根廷。在阿根廷的日子怎麼過，他從來沒有提及，只是說南美國家的女好「索」。從阿根廷回來後，他為人變得很踏實，在旺角電腦中心做 Sales，捱了幾年，開了自己的舖頭。隨後經營電腦袋生意，發展自己的品牌，把產品賣到世界各地。

如欲脫貧，定要讀書，彷彿中國人自古以來「書中自有黃金屋」的講法是真諦。多讀書，當然可以提高思考力，而吸收知識和更多社會資訊，自然增強競爭力；但時移勢易，今天努力讀書寄望將來致富，不再是必然的出路。Vincent 的例子告訴我：想法決定命運。

拒做不會理財的「慳錢族」
80後慳妹月入萬二慳出100萬

很久之前，香港有套笑片《慳錢家族》，電影裡那一家人為了省錢，去公廁洗澡，去商場試吃免費食品，搞笑中不免讓人心生感慨。其實要慳錢買樓，又唔駛做到咁極端，出身勵德村的Jess，之前和家人同住，和男朋友有共同儲錢目標，兩個人一起儲了5年錢，亦成功上車。她在理財上分清優次，先滿足「需要」再考慮「想要」，以簡約生活方式，構建快樂儲錢元素。她認為慳錢和儲錢故然重要；但投資回報絕對不可忽視，特別小心要扣除通脹。越早開始投資，財富增長的時間就越長，到實現理財目標時的增幅也就越大。

你的理想如何
你的日子必如何

天生「慳妹」的Jess，來自一個平凡的家庭，父親做廚房，母親是家庭主婦，有一個家姐和兩個妹妹。Jess自小便向自己許下諾言，希望長大後，可以有自己的房間、有自己的屋。她讀高中時，見到自己的表哥也是打工仔，公一份婆一份，也可以住到海怡半島，所以潛意識已經認為，機會係要自己搵，自己唔捱得，無堅持是一件事，總不會隨便說世界上已經冇曬機會。我很認同她的一句：「你的理想如何，你的日子也必如何。」

生活從簡慳得就慳　未會開源之前首先要學會節流

Jess認為在香港生活可平可貴，不妨從生活細節上出發。她主張簡單生活，如放假會去郊外行山，而不是行街買衫；放工後會返屋企煮飯，儘管食材愈來愈貴，但已較出街食飯平好多。對於食，她認為，食完就痾，食過千蚊一餐又係咁；食幾十蚊都係咁。有些人拍拖就成日搵好嘢食，次次3幾百，一個月都唔見幾千蚊。當然她也不會過份刻薄自己，生日也會外出食餐勁！

在交通方面，她平時亦較少搭的士，多數會搭巴士或地鐵以節省交通費。雖然這些看似微不足道，但小數怕長計，每月減少一至兩成支出，整年計便可儲下可觀的「買樓錢」。一句到尾，未培養到錢搵錢的能力之前，你唯一可做的，就是慳！

筆記欄

這樣投資
火速達成儲錢
買樓目標

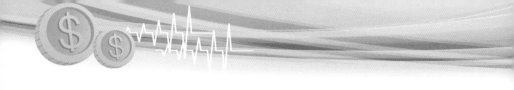

教你開啟多重收入來源
火速達成儲錢買樓目標

老實講，除非你是打工皇帝，月入幾萬，如果單靠一份牛工去儲錢，的確好難在短期內儲到過百萬首期買樓。因為生活始終有開支，即使你在娛樂消費中節省，你總不能唔食飯、唔搭車、有病唔睇醫生、長期零家用給父母。事實上，除了富二代有個大水喉老豆射住，如果你有機會遇到白手興家，或在財富上成功的朋友，可以試著問他或她，現在是不是擁有多重收入來源，我敢跟你說會回答「是」的人機會率非常高。在這個通脹的年代，作為一個普通的打工仔，如果你只有一個收入來源，那我要提醒你，你的處境其實是非常危險。

搵錢原來好簡單
瞞住「正室」搞個「小三」

有很多人會有一個錯覺，一般打工仔要有多重收入來源很難，以為打一份牛工，就好似賣了命俾老闆，只有一條返工收入來源，其實大家都忽略了自己投資的股票或是房地產也算是收入來源的一種，只是有可能投資績效不太好所以忘記這也是收入來源。

你有可能會反駁，錢都未儲到，那裡來錢買股票、房地產？我之前也有過和大家一樣的困惑；不過，當我解決了困惑之後，發覺投資一些高股息的股票，真的是一項很不錯的收入來源。你什麼也不用做，股息就定期存進你戶口，只要你在適當的時機買入，短期的股價上落，根本不會構成影響。

如何解決冇錢投資股票的問題？其實當你儲蓄累積了一段時間，你便自然有錢可以牛刀小試。也許，大家也和我當年一樣，「發錢寒」，要盡快達到自己的理財目標，所以我便「秘撈」。我對老婆專一；但對工作就很濫情，經常瞞住老闆，在出面搞三搞四。想要有多重收入來源，最簡單的方法就是兼另外一份差。

講到這裡，你又可能罵：「返緊工，邊有咁多時間？」其實，問題不在於有冇時間，只在於你有冇心去搵。我當年試過放工後幫學生補習；假日幫朋友睇舖；後來找到雜誌社做兼職撰稿員和校對。

開初放工放假也要兼職，奔奔波波，的確好倦。所以，後期我便利用返工的時間，偷偷處理自己的「秘撈」（所以我從不接受任何報紙雜誌的採訪，怕他們影我相登出來）。拜現在科技與網路，要一邊返工一邊「秘撈」不再是那麼困難。先不要在乎收入合不合理、高不高，因為一旦你開始做了之後，你就是開始擁有第二條以上的收入，等你上手之後就會有第三條、第四條，每條的收入也就會愈來愈高，你可以說這是秘密法則或是吸引力法則，總之就是有效。

千萬不要小看你大腦的力量

有了額外收入接下來就要思考的就是把收入「轉型」，從主動型收入轉成被動型收入。把自己賺取收入方式系統化是很重要的步驟，可以透過外包或是想方法讓你可以花更少力氣的方法完成，不同的工作都有不同的方法，關鍵就是你要花時間去想，一旦你讓你的腦袋開始思考這些事情方法就會被找出來了，千萬不要小看你大腦的力量。

在本章節裡，我會集中講被動型收入的重要性，希望大家能夠了解多重收入來源的必要。同時，亦會介紹一下我正在瞞住老闆，在公司偷偷做緊的「秘撈」，也許我的方法，也會適合你。

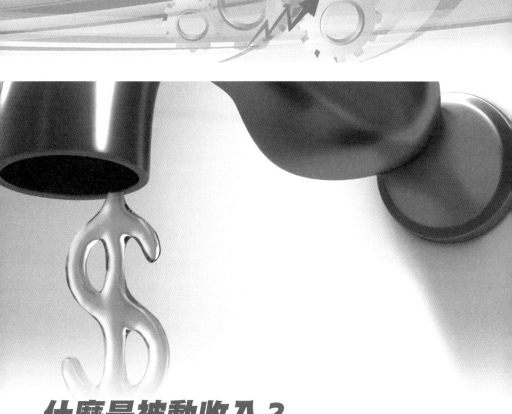

什麼是被動收入？

不管是「讀死書」或者是「死讀書」也好，在香港，從小到大我們所受的教育，對於如何賺取被動收入這方面的知識獲得是微乎其微。公司是老闆的；但人生是自己的，作為一個打工仔，如果想要在後半輩子過著不用被工作與金錢給綁住的生活，那麼就該盡早付出時間學習賺取被動收入。舉一個簡單的例子，如果說收入是「水」的話，那麼我們說主動收入是日日到河邊挑水才有水喝；而被動收入是挖個水井輕輕鬆鬆便有水飲。講來講去，你可能還未具體知道什麼是被動收入，在這裡，我們就詳細一點去了解一下。

資本性被動收入 VS 非資本性被動收入

所謂主動收入，就是用時間來換取金錢，比如返工的收入，返工才有，不返工就沒有的收入。它是一種臨時性收入，做一次工作得到一次回報；而被動收入是一種永久性的收入，徹底地做一次工作，然後持續性地得到回報。基本上，被動收入分兩種：資本性被動收入與非資本性被動收入。不過，講到要資本，如果大家未有，講多無謂，所以之後的篇幅，主要教大家如何建立一些非資本性被動收入。

資本性被動收入包括

· 投資組合收入

· 股息、債息收入

· 買樓收租

· 創造出給人加盟的連鎖生意

· 建立出有人代為操勞的公司

· 尋找適合的生意作為合伙人

非資本性被動收入包括

· 版權收入：如寫書、寫歌

· 軟件系統、專利發明、電話Apps

· 網上寫Blog的廣告收入

· YouTube拍片的廣告收入

· 建立網站賣東西

· 工作的再續收入，例如保險顧問的續保佣金

先認清自己適合那種被動收入

搵份正職,你會先看看那份工作是不是適合自己;講到「秘撈」,適不適合自己真的非常重要,尤其你打算運用正職的時間去做。不過,如果你以為被動收入是不用做事也會有收入的話,那誤會可真大了。

被動收入是你每投入一次的工作時間都能在之後產生數次的收入。我其中一項被動收入就是寫書(這本書就是我偷偷利用在公司的時間,在老闆不知情的狀況下完成)。這本書,我大概花了三個月約300小時左右完成。

300小時投入的時間可以陸續帶來好幾次的版稅支票收入,只要書一批一批的賣,我就可以收到一次又一次的支票。初期書才剛開始買,所以換算這300小時每小時的收入可能比最低工資還少,不過隨著書愈賣愈多換算每小時的收入可能就高達上千元。

能夠帶來長期被動收入的特性

① 需要先在初期一段時間投入工作,這段期間將無法帶來收入。

② 完成後只需少許時間的照顧就可以產生收益。

你可以想像一下，你要在香港建造一條能夠自動收費的高速公路，公路上的收費站就是你的收益，行走的車輛愈多收入也愈高。上述提及的第一個特性，就好似在建造高速公路的期間，你需要花費大量的勞力、時間、金錢去建造高速公路，建造期間因為還沒開放車輛行駛所以也就不可能有收益，此時投入的成本都只能算是消耗。開發期捱過了，建造完成開始有車輛上路時，你的自動收費站就開始幫你賺錢。在收成期，你要做的就是定時定期的保養你的道路及檢查你的自動收費站是不是正常收錢。

上述提及的第二個特性，套到高速公路的比喻，就是如果你沒有管理你的高速公路但自動收費站還是在幫你收錢，道路雖然沒有保養還是可以行走，只是路上可能會坑坑洞洞，車輛行走起來也會不順暢，還可能因此降低了車流量。某些自動收費站也可能故障導致車子經過時沒收到錢，這些都會減少你的收益，不過這段期間你的收入還是持續存在，只是如果完全不關心你的被動收入來源，可能有一天收入就會降為零。

許多人對被動收入有誤解，因為看別人有被動收入時很輕鬆，所以自然就覺得自己來應該不會太難。為了建立某些被動收入，開始時真的沒那麼容易。如果你怕麻煩，不吃得苦，還是等儲夠錢，乾脆選擇資本性被動收入，投資股票買樓收租算了。若果你有冒險精神又不怕吃苦，那就繼續看下去，看看我除了偷偷利用公司的時間寫書外，如何偷偷在公司利用手機賺錢，某些招數，可能你都啱用。

利用公司時間偷偷製作
YouTube影片勁賺廣告錢

YouTube大家可能在公司都偷睇唔少；但大家知不知道，YouTube
其實可以幫你賺錢？YouTube有一個與網民分享廣告收入的計
劃，只要成為YouTube的合作夥伴，上載短片，有人睇，你就有
錢分！智能手機盛行之後，拍片可以話易過食生菜。我YouTube
Channel裡的所有影片，也是用手機拍的。你可能認為自己又唔
係荷里活導演，拍片點會有人睇？有創意，有內涵自然會引來點
擊，但有時候，百貨撞百客，普普通通的一條片，總會有人好奇
地入來睇睇。你也有在YouTube睇過爛片吧？所以爛片垃圾都有
可能「點石成金」，不以妄自匪薄，凡事試一試才下一個定論也
未遲。

勁片可以賺過萬
少少地我都每月有2千

如果創意爆燈，便會錢途無可限量。YouTube透過旗下廣告公司TubeMogul，統計近幾年頭10名憑廣告賺最多錢的民間YouTube短片攝製者，他們當中許多才二十出頭，卻憑獨家創意年賺幾十萬港幣元以上，其中最勁的，不是拍什麼藝術作品；而是拍攝題材核突大膽的道森(Shane Dawson)。

這個21歲的YouTube賺錢人氣王道森，一年從YouTube賺來的有31萬5千美元（約246萬港元，嘩搞多兩年，唔駛問銀行借錢都買得起樓）。道森曾自言：「我只是個口臭的單純男子而已。」自稱不沾毒品酒精、仍是處男的他，短片題材從謀殺、自瀆到吸血鬼喝女子經血都有，引來抵制呼聲。不過愈罵愈紅，他頻道的追隨者已超過500百萬。這再次證明，YouTube是一個令人錢途無限的平台。

道森的例子可能比較極端，而且要全職做才有機會做到；完全不合「秘撈」的原則。另一個香港成功Case，就是一邊要兼顧學業，一邊拍片的大學生易卓邦。幾年前剛開始時，其頻道只有2.5萬人訂閱，短片被觀看400萬次。那時他每月只上載兩至三段短片，月賺也有兩三千元。最經典的，是他曾拍過諷刺某品牌手機堅固的短片，短時間內瀏覽人次過20萬次，隨即帶來兩千多元收入。

有人潮就有錢潮　有流量就有錢賺

我的YouTube Channel主力講零食，我從網上訂講了一些香港市面上不易買到的零食，在家拍好影片後，便帶回公司上載及作簡單的編輯和填寫一些影片的資料。因為上載一條高清片到YouTube的伺服器，有時候都要成個鐘，所以在公司沒有人發現的情況下做就最好，你可以一邊處理公司的工作，一邊等。上載好後，便即時發佈，神不知鬼不覺。

YouTube Channel成立的前半年，每天吸引到的注意不多，當時雖然有心裡準備會沒有收入，不過每天看著小雞孵不出來也很無趣。於是，我便利用手機，在公司時，一有機會便在Facebook和各大討論區，替自己的影片宣傳一下。經過半年累積能量後，我的Channel流量終於開始成長，小雞開始破殼！至此流量就漸入佳境，我的耐心等待開始有回報。

我的YouTube Channel賺得並不多錢，不過如果保持到每個月有幾條新片上載，少少地，每月都有約港幣千多2千元。利用YouTube賺廣告錢，好就好在建立好Channel後，不用天天去管理它，也會有人睇，自動有收入；作為一個「秘撈」也算免強合格了。講多無謂，行動最實際，到底如何通過YouTube賺錢，以下步驟可以作為參考。

Step by Step
教你開通YouTube廣告分紅帳號

步驟1：
用手機拍條你認為吸引到人睇的視頻

手機隨時準備好，如果你冇時間搞大製作，記錄一下小狗、小貓以及其它任何生活中有趣的東西都OK，原則是這個視頻能夠引起轟動，最起碼，有人睇完願意Like一下Share出去。拍好片，最好有時間把你的原始素材，用其他手機剪短片Apps，編輯成簡短的而更值得注意的視頻。

步驟2：
把你的視頻上傳到 YouTube

網上要學會嘩眾取寵，所以一個好的標題，非常重要。在等待視頻上傳的同時，給你的作品起一個既吸引人又簡單、易於搜索的標題。如果你拍自己隻貓食魚，同一條片，你認為標題叫《我食魚的貓》多人睇；還是叫《我的噴嚏貓肚餓到殺了一條美人魚》多人睇？這就是傳說中的病毒視頻，它們往往有一個不證自明且可隨口而出的標題。

步驟3：
重複步驟1和2

YouTube的合作夥伴與一般YouTube用戶的最大區別在於，前者懂得如何散發和推銷自己的視頻，以最大限度地提高自己作品的收視率。如果你想成為YouTube的合作夥伴來搵錢，你必須「定期上傳視頻，並擁有數以千計的觀眾。」因此，堅持做視頻吧，並把它們散發於社交網絡和媒體上。

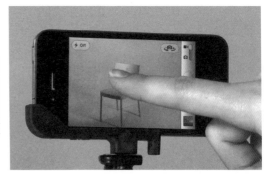

步驟4：
先要經過審核

以前可以即時申請廣告分紅帳號；但現在門檻高了，要先有1000個人訂閱加上，一年內累積有4000個觀看小時，才有資格申請。網紅隨隨便便都有100幾十萬人訂閱，1000個應該也難不到你啦。

步驟5：
開始申請流程

基本上，在你連結去http://www.youtube.com/account_monetization之前，你要先登入YouTube；否則你便會自動被Redirect去登入頁面。當你登入之後，再去以上連結，你便會見到「啟用我的帳戶」按鈕，Click一下，你便會進入條款及細則頁面，這就正式開始申請了。

步驟6：
了解條款及細則

假設你已看完條款及細則頁面的內容，在這個頁面裡的下方，你會看到3項選擇：我已閱讀並同意上述條款、我同意不會為了增加收入，而以欺詐手法點選自己刊登在 Google 產品和服務上的Google廣告、我同意不會為了營利，而使用自己權限不足的內容。把3項選擇全部點選後，再按「我接受」按鈕。

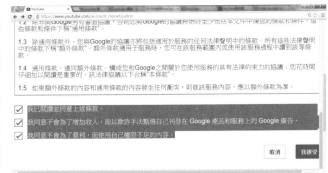

步驟7：
如何透過影片
營利畫面

在之前的步驟按過「我接受」按鈕後，便會跳入這畫面，你會見到以下指示：如要啟用影片營利功能，請按一下＄圖示，或是從[動作]下拉式選單中選取[營利]。如需詳細資訊，請前往帳戶設定中的營利分頁。明白後，簡簡單單Click「我瞭解了」便可以。

步驟8：
建立頻道

如果你是新開的帳號，之前從未上載過任何影片，那你必需先建立一個頻道，方便去完成往後的設定和連接收款帳號。Click「建立頻道」的連結，便會Step by Step，帶你往下一步去建立你的頻道。

步驟9：
自選其他頻道
名稱

當你Click「建立頻道」時，如果你沒有要求，便會自動用你Google帳號登記的實名；不過，你亦可以改選用其它名稱或公司名等等。點選用其他名稱的連結，你便會見到這個畫面。輸入好名稱等資料後，按「完成」。

步驟10：
頻道設定

建立好頻道後，你回到影片管理員的頁面，然後在「頻道設定」的欄目中，Click「預設設定」，你便可以對你所上載的影片作進一步的說明及安排這是公開或私人觀看等設定。如果你不想別人回應或評論你的影片，也可以這裡關閉其功能。

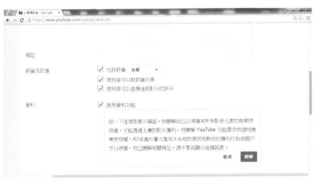

步驟11：
啟用營利功能

在預設設定的頁面安排好所有的基本影片設定後，最緊要記住勾選「啟用營利功能」這一項，否則你的影片不會出現廣告。勾選後，你會再見到版權提示，在申請的過程中，你經常見到版權的提示，可想而知，如果你日後違反這個重要原則，你一定被停權。明白這一點，你可以按「瞭解」繼續。

步驟12：
見到$圖示便
完成

當你在之前的步驟，勾選「啟用營利功能」這一項，並按「瞭解」後，記得儲存變更。當成功儲存後，如果你已有上載好的影片，回到影片管理員的頁面時，你便會看到每條影片的右邊會有一個$圖示。這就恭喜你了，因為這代表了你的YouTube帳號，隨時可以為你賺錢了。

步驟13：
連結收款的
Adsense帳號

開通了可以放廣告的YouTube帳號也不要太開心，因為如果你沒有把你的YouTube帳號連接上你的Adsense收款帳號，即使你的影片有廣告點擊；但你仍沒有實際得益。輸入以下連結，如果你已有Adsense帳號，它會把你導向Adsense的連結；即使你未有Adsense帳號，也可以隨即申請：
http://www.youtube.com/account_monetization?action_adsense_connection=1

步驟14：
選擇登入Adsense
帳號電郵

按之前的步驟，被導向入了Adsense獲利申請的頁面，按「繼續」後，便會轉向了一個「選取您的Google帳戶」頁面。如果你之前未有Adsense收款帳號，系統會自動選取你登入YouTube時的電郵帳號作為Adsense收款帳號的申請。你亦可以使用其他或新的Google帳號。如果你用設定好的資料，按「是」便進下一步。

步驟15：
說明您網站的
性質

去到申請Adsense收款帳號的第二個步驟，就是說明您網站的性質。其實這只是確認一下你要求顯示廣告的YouTube頻道網址有沒有錯。正確輸入網站內容所用的語言，有助加快申請的流程，因為當你的申請需要人手審核內容時，方便找相關語系的人來更進。

步驟16：
Adsense
帳戶目前已獲核准

辦好Adsense收款帳號的申請手續，完成連結Adsense和YouTube後，你再回到YouTube的影片管理員裡面的頻道設定欄目，在獲利這一項中，你應該會見到「您建立關聯的Adsense帳戶目前已獲核准」的字眼。恭喜你，你已經可以利用YouTube賺錢了。

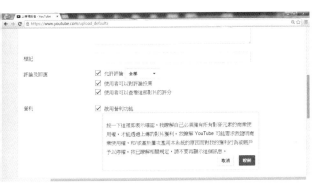

步驟17：
更改你的Adsense
帳戶連結

發現在錯？或又者你想把收入調到其他的AdSense帳號？如要更新你的AdSense帳戶連結，請按一下底下的「變更」按鈕，系統會將你重新導向至AdSense的頁面，而在你完成該程序後，系統會重新帶你回到YouTube。

步驟18：
檢查
Adsense頁面

在「託管的AdSense內容廣告」這一項中就是你從YouTube得來的收入，若你的總收益超過款項起付額度，系統會在當月15日前將YouTube收益列進你AdSense付款網頁，並計入你的應收款項。如果你有寫Blog或有自己網站，便可以透過「AdSense內容廣告」來賺取其他的廣告收入。

筆記欄

插畫：鄧愛林(6歲)

出版動力全力支持兒童海洋生物保育發展